全国高等职业教育计算机类规划教材·实例与实训教程系列

图像处理技术实训教程
（Photoshop＋CorelDRAW）

戴亚娥　编著

U0346784

电子工业出版社

Publishing House of Electronics Industry

北京·BEIJING

内 容 简 介

本书通过 45 个实例，深入浅出地介绍了 Photoshop CS 中文版的图像处理和编辑技巧，并简单介绍了 CorelDraw 的基本应用。全书共分 11 章，分别介绍了图像处理基础知识、选区创建、绘图和编辑、图像修饰、图层应用、路径编辑、色彩修正、通道与蒙版、图像导入与输出、ImageReady CS 的使用及 CorelDRAW 的基本应用等内容。每章教学目标明确，重点突出，课堂内外联动，将教学设计融入教材，将知识点融入案例。本书在阐述过程中结合大量来自于工作实际的广告设计、照片修饰、图像合成、宣传海报、VI 标志、宣传单等实例，综合性、应用性、工程性较强。

本书适合作为高职高专图像处理课程的教材，也可作为各类培训班的培训教材，还可供有关技术人员参考。

图书在版编目(CIP)数据

图像处理技术实训教程：Photoshop＋CorelDRAW／戴亚娥编著. —北京：电子工业出版社，2008.1
（全国高等职业教育计算机类规划教材·实例与实训教程系列）
ISBN 978-7-121-05747-2

Ⅰ. 图… Ⅱ. 戴… Ⅲ. 图形软件，Photoshop CS、CorelDRAW－高等学校：技术学校－教材 Ⅳ. TP391.41

中国版本图书馆 CIP 数据核字（2008）第 002217 号

责任编辑：贾晓峰
印　　刷：北京京华虎彩印刷有限公司
装　　订：北京京华虎彩印刷有限公司
出版发行：电子工业出版社
　　　　　北京市海淀区万寿路 173 信箱　邮编　100036
开　　本：787×1 092　1/16　印张：16.75　字数：428 千字
版　　次：2008 年 1 月第 1 版
印　　次：2014 年 8 月第 6 次印刷
定　　价：35.00 元

序

20 世纪 90 年代以来，以计算机和通信技术为推动力的信息产业在我国获得前所未有的发展，全国各企事业单位对信息技术人才求贤若渴，高等教育计算机及相关专业毕业生供不应求。随后几年，我国各高等院校、众多培训机构相继开设计算机及相关专业，积极扩大招生规模，不久即出现了计算机及相关专业毕业生供大于求的局面。纵观近十年的就业市场变化，计算机专业毕业生经历了"一夜成名、求之不得"的宠幸，也遭遇了"千呼百应、尽失风流"的冷落。

这个时代深深地镌刻着信息的烙印，这个时代是信息技术人才尽情展示才能的舞台。目前我国的劳动力市场，求职人数过剩，但满足企业要求的专业人才又很稀缺。这种结构性的人才市场供求矛盾是我国高等教育亟待解决的问题，更是"以人为本，面向人人"为目标的职业教育不可推卸的责任。

电子工业出版社，作为我国出版职业教育教材最早的出版社之一，是计算机及相关专业高等职业教材重要的出版基地。多年来，我们一直在教材领域为战斗在职业教育第一线的广大职业院校教育工作者贡献着我们的力量，积累了丰富的职业教材出版经验。目前，计算机专业高等教育正处于发展中的关键时期，我们有义务、有能力协同全国各高等职业院校，共同探寻适合社会发展需要的人才培养模式，建设满足高等职业教育需求的教学资源——这是我们出版"全国高等职业教育计算机类规划教材·实例与实训教程系列"的初衷。

关于本系列教材的出版，我们力求做到以下几点：

（1）面向社会人才市场需求，以培养学生技能为目标。工学结合、校企结合是职业教育发展的客观要求，面向就业是职业教育的根本落脚点。本系列教材内容体系的制定是广大高职教育专家、一线高职教师共同智慧的结晶。我们力求教材内容丰富而不臃肿、精简而不残缺，实用为主、够用为度。

（2）面向高职学校教师，以方便教学为宗旨。针对每个课程的教学特点和授课方法，我们为其配备相应的实训指导、习题解答、电子教案、教学素材、阅读资料、程序源代码、电子课件、网站支持等一系列教学资源，广大教师均可从华信教育资源网（www.huaxin.edu.cn）免费获得。

（3）面向高职学校学生，以易学、乐学为标准。以实例讲述理论、以项目驱动教学是本系列教材的显著特色。这符合现阶段我国高职学生的认知规律，能够提高他们的学习兴趣，增强他们的学习效果。

这是一个崭新的开始，但永远没有尽头。高等职业教育教材的建设离不开广大职业教育工作者的支持，尤其离不开众多高等职业院校教师的支持。我们诚挚欢迎致力于职业教育事业发展的有识之士、致力于高等职业教材建设的有才之士加入到我们的队伍中来，多批评，勤点拨，广结友，共繁荣，为我国高等职业教育的发展贡献我们最大的力量！

电子工业出版社高等职业教育分社

前　言

Adobe 公司的 Photoshop 在图形图像处理领域一直处于领先地位，它是目前最流行的图像处理软件之一，广泛应用于平面设计、广告摄影、建筑装潢、网页创作、印刷排版等诸多领域。中文版 Photoshop CS 在保留原有版本的特点和优势的基础上，对很多功能做了进一步的强化，如针对互联网应用增加了 Web 输出的增强功能，增加了新的绘画引擎，可以模拟传统的绘画技巧等。

CorelDraw 是 Corel 公司推出的精确绘图和文字排版的平面绘图软件，目前最新版本为 CorelDraw 12，它具有强大的功能和直观的操作界面，是优秀的矢量绘图软件之一。目前广泛应用于平面设计中的插图设计、图案设计、VI 设计、海报设计、文字设计、建筑平面图绘制、工业造型设计等领域，在印刷业也有着广泛的应用。

本书以图解的方式和丰富的实例，对中文版 Photoshop CS、CorelDraw 12 的操作技巧进行了细致的描述，所有的实例均经过精心设计，实践性、技能性、工程性、应用性非常强，并以最能理解的语言、最直接的图片对比效果、最简捷的操作、最实用的案例，重组技能结构，力求使学生用最短的时间和最快的速度掌握图形图像处理的操作，创作出丰富多彩、个性化的作品。

本书共分 11 章，体系结构合理，以实例制作的具体操作步骤为主线，以图片为导引，结合软件操作步骤与知识重点，力求方便、简明、实用，案例综合性较强。本书具体特点如下：

（1）基于工作过程导向选择内容框架，按行动体系序化知识内容。

（2）采用"任务驱动"的编写方式，全面采用案例式教学，全部选自工作中的实际作品，将知识点融入案例，由浅入深，充分考虑培养学生的职业性与可持续发展性。

（3）紧紧围绕高职人才培养的应用性特征，理论以"必须、够用"为度，实训项目注重实用性、技能性、工程性，并对每个案例进行知识、能力分析，遵循职业院校学生能力形成和学习动机发展两大规律。

（4）教材内容中体现教学过程设计，方便教师的教与学生的学，每章内容教学目标明确，重点突出，配合针对性的习题加以训练，并可进行过程性与阶段性相结合的测试。

有感于多年的实践教学，高职作品创作类的课程必须进行改革，在教学中应采用案例式、项目化、问题式的教学方法，在课程考核中宜采用过程化与阶段性测试相结合的方法，并要充分调动学生的课外学习积极性，这些在本教材的编写中都得以充分体现。

本书在编写过程中得到了很多同仁的支持，黄岗科技职业技术学院的宋紫薇、内蒙古电子信息职业技术学院的袁永春及浙江工商职业技术学院的严良达、潘红艳、张立燕、朱晓鸣等整理了部分案例与素材，在此深表感谢。

尽管编者在写作本书过程中付出了很多努力，但因水平有限，难免有疏漏和不足之处，恳请读者批评指正。

编　者
2007 年 11 月

目　　录

第1章 图像处理概述

本章概要

1. 常用的图像处理软件及 Photoshop CS 的功能特点；
2. 图像处理的基本概念，图像颜色模式的相互转换；
3. Photoshop CS 工作环境的设置与优化；
4. 图像文件的创建、保存、文字添加及颜色设置；
5. 使用辅助工具调整、对齐图像位置。

1.1 常用图形图像处理软件

计算机图形图像处理技术最早产生于 20 世纪 60 年代，随着计算机软、硬件的发展，近几年得到了迅猛的发展。当前较为流行的图形图像处理软件如表 1.1 所示。

表 1.1 各种计算机图形图像处理软件的比较

软 件	应用对象	特 点	公 司
Photoshop	位图图像	图片专家，平面设计的标准，平面设计领域最具代表性的软件	Adobe 公司
CorelDRAW	矢量图形	矢量绘图的最佳全功能产品	Corel 公司
Illustrator	矢量图形	图像设计师，图形处理的工业标准	Adobe 公司
FreeHand	矢量图形	优秀图形设计师，小巧的 CorelDraw	Macromedia 公司
AutoCAD	矢量图形	强大的工程图形及建筑方案设计、施工模型等计算机辅助设计软件	Autodesk 公司
Painter	位图图像	绘图天才，专业美术家走向数字绘图的最佳通道	Fractal design 公司，后转为 MetaCreations 公司
PhotoImpact	位图图像	集成化的图像处理和网页制作工具，整合了 Ulead GIF Animator	台湾友立公司
Photo -Paint	位图图像	提供了较丰富的绘画工具	Corel 公司
Picture Publisher	位图图像	优秀的 Web 图形功能	Micrografx 公司
PhotoDraw	位图图像	微软提供的非专业用户图像处理工具	Microsoft 公司
PhotoStyler	位图图像	功能十分齐全的图像处理软件	台湾友立公司

本书将主要介绍 Adobe 公司的最新中文版 Photoshop CS 在平面设计领域的典型应用案例，并简要介绍 Corel 公司的 CorelDraw 12 在图形绘制中的应用创作。

1.2 初识 Photoshop CS

中文版 Photoshop CS 是 Adobe 公司新推出的一款非常优秀的图像处理软件,有 PC 版和 MAC 版两个不同的版本,两者只在界面上有少许差别,本书以 PC 版来全面介绍其强大功能。

1.2.1 Photoshop CS 的使用环境

与其他任何应用软件一样,正确地安装 Photoshop CS 是使用的前提,在安装之前必须先了解软件对系统的需求。

1.硬件要求

该软件对硬件有如下要求。

(1)主机:Intel Pentium Ⅲ或Ⅳ处理器。

(2)内存:建议 256MB 或以上。

(3)硬盘:280MB 可用空间。

(4)显示器:1024×768 分辨率或更高,16 位或更高配置的显卡。

(5)其他:CD-ROM 驱动器,另可配备如扫描仪、数码相机、彩色激光打印机等。

提示:上述只是启动与使用 Photoshop CS 的基本配置,如要处理图像的速度较快,还需额外的内存与硬盘空间,一般 Photoshop CS 在处理图像时占用的内存与虚拟磁盘的空间大约是文件大小的 3~5 倍。

2.软件要求

系统软件:Windows NT、Windows 2000 或以上、Windows XP 等。

1.2.2 Photoshop CS 的启动与界面

Photoshop CS 的启动有两种方式:一种是从程序项中启动,执行"开始/程序/Adobe Photoshop CS"命令;另一种是通过双击桌面的快捷方式启动。

Photoshop CS 启动后进入如图 1.1 所示的工作界面,该窗口遵循 Windows 传统的风格,也有 Photoshop CS 自己独有的内容,主要包括标题栏、菜单栏、选项栏、工具箱、面板、图像窗口、状态栏等,具体的在此不再展开,在后面的章节中将有详细的应用。

图 1.1 Photoshop CS 主界面

1.2.3 Photoshop CS 的功能特点

Photoshop CS 可对图像进行各种平面处理，创作出超现实的"电脑特技"作品，主要应用于平面设计、广告摄影、建筑装潢、网页创作等领域。

1. Photoshop CS 的传统功能

Photoshop CS 有如下传统功能：

（1）支持几乎所有的图像格式与颜色模式，包括 PSD、TIF、JPG、EPS、PCX、PDF、RAW、BMP、GIF 等 20 多种图像模式，以及黑白、灰度、双色调、索引色、RGB、CMYK、HSB、Lab 等不同的颜色模式。

（2）方便调整图像尺寸与分辨率，可在不影响分辨率的情况下任意调整图像的尺寸，或在不改变图像尺寸的前提下调整其分辨率。

（3）强大的图片创作与合成功能，Photoshop CS 提供的绘画功能、选取功能、羽化边缘功能、图层功能、旋转变形、滤镜功能等，可创作数码艺术作品，或将多幅图片素材根据主题需要，各选取某一部分融合成一幅作品。

（4）以假乱真的图片修正功能，利用 Photoshop CS 提供的色调和色彩功能，融合一些操作技巧，可对图片进行色彩校正、明暗调整、局部残痕消除、去除瑕疵等。

（5）开放式的结构无限扩展了图像处理功能，支持 TWAIN-32 界面，可接受常用的图像输入设备，如扫描仪、数码相机等，还支持第三方滤镜的加入与使用。

2. Photoshop CS 的特点

Photoshop CS 新增了许多功能，设计了更为友好的界面，提供了更为方便的操作工具。

（1）增加了复原工具 Spot Healing Brush，处理常用图片问题，如一步红眼校正功能、污点轻松修复功能、模糊与变形功能等。

（2）使用新一代文件浏览器 Adobe Bridge，内含一个创作中心，提供多视图浏览方式及批量的图片综合操作。

（3）使用智能对象，允许用户对图像与矢量图形进行非破坏性的缩放、旋转及扭曲等，还可保存 Illustrator 中的矢量数据。

（4）使用开创性的消失点工具，可克隆、绘制和粘贴与周围图像区域景色自动匹配的元素，在短时间内获得令人惊奇的效果。

（5）Multiple Layer Controls 加快编辑速度，可通过单击对象并直接在画布上拖动，更为直观地对多图层中的对象进行选择、移动、编组、变形、转换等操作，同时提供的智能参考线让移动、复制的对象能在指定的范围内自动对齐、居中，这些功能既方便了用户的操作，又节省了大量时间。

（6）快速多图像处理数码相机的原始数据文件，按照选择的格式导入图像，包括 Digital Negative（DNG）格式，可以自动调整图像的曝光度、阴影、亮度与对比度，同时具有先进的杂色自动校正功能，提高数码相片的光洁度。

（7）支持高动态范围（HDR）的非破坏性编辑，创建与编辑 32 位 HDR 图片、3D 渲染、高级合成等。

（8）使用基于任务的预设，更方便访问所需的工具，突出显示新的或常用的菜单项，并设置和保存自定义菜单和工作区。

在此只介绍了 Photoshop CS 最主要的特点，如读者需了解更多的新特性，可到 Adobe 官方网站查询，中文网址为：http://www.myadobe.com.cn/。

1.3 图像处理基本概念

图形图像的基本要素主要有点、线、像素和色彩，了解一些关于图形图像方面的知识，特别是一些术语与概念性的问题，有助于更有效地发挥创意创作出高品质、高水平的艺术作品。

1.3.1 图像类型

图像类型大致可分为位图与矢量图两种，这两种类型的图像各有优缺点，两者各自的优点恰好可以弥补对方的缺点，在绘图与图像处理的过程中，需要将这两种类型的图像交叉运用，以使作品更加完善。

1. 位图图像（简称"位图"）

位图又称为点阵图或像素图，组成位图的基本元素是像素点，位图的大小和质量取决于图像中像素点的多少。每个像素点都记录了特定的位置与色彩信息，可逼真地表现自然界多彩的图像，同时也容易在不同的软件间交换文件，这是位图图像的优点所在；而缺点则是它无法制作真正的 3D 图像，文件较大，处理速度相对较慢，对内存和硬盘空间的要求也较高，并且缩放时清晰度会降低并出现锯齿，如图 1.2 所示为放大不同比例的位图图像对比。

图 1.2　位图图像

位图图像可通过扫描设备、数码相机等获取，也可通过 Photoshop CS 等软件设计得到。位图有种类繁多的文件格式，常见的有 PSD、JPEG、BMP、GIF、TIFF 和 PCX 等。

2. 矢量图形（简称"矢量图"）

矢量图又称为向量图，它以数学的矢量方式来描述和记录一幅图像的点、线、面和色彩等内容，它们都是通过数学公式计算获得的，所以矢量图形文件一般较小，处理速度较快，进行缩放或旋转等操作也不会失真，如图 1.3 所示为放大不同比例的矢量图形对比，清晰度较高并可以制作 3D 图像。但矢量图形有一个缺点，不易制作色彩丰富或色调变化太多的图像，无法像位图图像一样精确表现出自然界的景象，同时也不易在不同的软件间交换文件。矢量图形主要用于插图、文字和可以自由缩放的徽标等图形。

图 1.3　矢量图形

矢量图形无法通过扫描获得，只能由设计软件生成，如 CorelDRAW、AutoCAD、Illustrator 等，一般常见的文件格式有 AI、CDR 等。

1.3.2　图像文件格式

不同格式的图像文件代表不同的图像信息，有着各自的优缺点。下面介绍一些常用的图像格式及它们的特点。

1．PSD 格式

PSD 格式是 Photoshop CS 软件使用的格式，支持全部图像颜色模式，文件扩展名可为.PSD 和.PDD。这种格式包含图层、通道及颜色模式，并且还可存储具有调整层、文本层的图像。在存储图像时，如包含有多图层，则必须用 PSD 格式存储；如要将具有图层的 PSD 格式图像存储为其他格式，则在存储之前需先合并图层。

提示：在 Photoshop CS 的图像处理过程中，如以后还需修改，建议保存图像的 PSD 格式。

2．JPEG 格式

JPEG 是目前所有格式中压缩率最高的，文件扩展名为.JPG 和.JPE，普遍用于显示图片和一些超文本文档中。JPEG 格式支持 CMYK、RGB 和灰度颜色模式，不支持 Alpha 通道。JPEG 格式在压缩存储的过程中会以失真最小的方式去掉一些肉眼不易察觉的数据，因此存储后的图像比原图像质量稍差，在出印刷品时最好不要用此图像格式。

3．GIF 格式

GIF 是一种 LZW 压缩格式，可以缩减文件大小和电子传递时间，广泛应用于互联网的 HTML 文档中，在通信传输中可大大节省时间。GIF 格式支持位图、灰度和索引颜色模式，不支持 Alpha 通道。

4．BMP 格式

BMP 格式是一种标准的点阵式图像文件，最早应用于微软公司推出的 Windows 系统，文件扩展名可以为.BMP 和.RLE。BMP 格式支持 RGB、索引颜色、灰度和位图颜色模式，不支持 Alpha 通道。

5．TIFF 格式

TIFF 格式是为色彩通道图像创建的最有用的格式，可在多个图像软件之间进行数据交换，常用于应用程序和计算机平台之间的图像文件交换。TIFF 是一种灵活的位图图像格式，能被所有绘画、图像编辑和页面排版应用程序所支持，而且几乎所有桌面扫描仪都可以生成 TIFF 图像，文件扩展名为.TIF。该格式支持 RGB、CMYK、索引颜色、Lab、灰度与位图等颜色模式，并且在 RGB、CMYK、灰度等模式中支持 Alpha 通道，应用相当广泛。

6．PDF 格式

PDF 格式是 Adobe 公司开发的一种专为出版而制定的文件格式，与 PostScript 页面一样，PDF 文件可包含位图和矢量图形，还可包含电子文档查找和导航功能，并且支持超链接，因此是网络下载经常使用的文件。PDF 格式支持 RGB、CMYK、索引颜色、Lab、灰度与位图等颜色模式，不支持 Alpha 通道。

7．RAW 格式

RAW 是拍摄时从影像传感器得到的电信号经 A/D 转换后，不经过其他处理而直接存储的影像文件格式。RAW 的图片相对较大，它的优点是影像质量最高，很多参数可以进行后期调整，并且不影响画质。

8. EPS 格式

EPS 是一种包含位图与矢量图形，用于绘图或排版的文件格式，所有的图形、示意图和页面排版程序都支持该格式。在 Photoshop CS 中打开其他应用程序创建的包含矢量图形的 EPS 文件时，Photoshop CS 会对此文件进行栅格化，将矢量图形转换为像素，EPS 格式除了不支持 Alpha 通道外，任何颜色模式均支持。

9. CDR 格式

这是 CorelDRAW 生成的默认矢量图形文件格式，并且这种格式的文件只能在 CorelDRAW 中打开。

1.3.3 图像色彩

图像处理离不开色彩处理，因为图像无非是由色彩和形状两种信息组成。在使用色彩之前，需要了解色彩的一些基础知识。

1. 色彩的三要素

色彩的三要素即色相、亮度、饱和度，任何一个颜色或色彩都可从这三个方面进行判断分析。

色相：指色彩颜色，例如红、黄、蓝、绿等，对色相的调整也就是在多种颜色之间的变化。

亮度：指色彩的明暗深浅程度，亮度高，即颜色亮，如红色亮度加深即为深红色。亮度的范围为 0～255，总共包括 256 种色调，色调的调整即是明暗度的调整。

饱和度：也称为彩度，指颜色的强度或纯度，即色相的鲜艳程度，指色彩中其他杂色所占成分的多少。将一个彩色图像降低饱和度为 0 时，就会变成一个灰色的图像。

2. 对比度

对比度是指不同颜色之间的差异。对比度越大，两种颜色之间的反差就越大，反之，两种颜色就越相近。例如将一幅彩色图像增加对比度以后，会变得黑白更鲜明。

3. 色彩搭配

色彩有冷暖、轻重、艳丽与素雅、膨胀与收缩等特性，图像处理中色彩应用时必须注意色彩的搭配，特别是冷暖色调的应用。

人对色彩的冷暖感觉基本取决于色调，物体通过表面色彩可以给人或温暖或寒冷或凉爽的感觉。色系一般分为暖色系、冷色系、中性色系三类。色彩的冷暖效果还需要考虑其他因素，例如，暖色系色彩的饱和度愈高，其温暖的特性愈明显；而冷色系色彩的亮度愈高，其特性愈明显。

红、橙、黄等颜色使人想到阳光、烈火，故称"暖色"。绿、青、蓝等颜色与黑夜、寒冷相联，称为"冷色"。

红色给人积极、温暖的感觉；蓝色给人安静、消极的感觉；绿与紫是中性色彩，刺激小，效果介于红与蓝之间，使人产生休憩、轻松的情绪，可以避免产生疲劳感。

1.3.4 像素与分辨率

要学习计算机平面设计，必须掌握图像的像素数据是如何被测量与显示的基本知识。

1．像素

像素是组成位图图像的最基本单元，它是一个小的方形颜色块。一个图像通常由许多像素构成，这些像素横纵排列，每个像素都有不同的颜色值。

2．分辨率

分辨率是指单位长度内所含有的像素点的多少。通常被错误的认为分辨率就是指图像分辨率，其实分辨率有以下几种类型，希望在应用中加以区分：

（1）图像分辨率。指每英寸图像含有多少个像素点，分辨率的单位是 dpi（点/英寸），例如 1280dpi 表示该图像每英寸含有 300 个像素点。在数字化图像中，分辨率的大小直接影响图像的质量，分辨率越高，图像越清晰，所产生的文件也越大，在工作中所要的内存和 CPU 处理时间也就越高。所以在制作图像时，不同品质的图像就需设定适当的分辨率。图像的尺寸大小、分辨率和文件大小三者之间有着很密切的关系，一个分辨率相同的图像，如尺寸不同，它的文件大小也不同；增加一个图像的分辨率，也会使图像文件变大。

（2）显示器分辨率。在显示器中每个单位长度显示的像素或点数，依赖于显示器尺寸与像素设置，PC 显示器的典型分辨率通常为 96dpi。

（3）打印机分辨率。类似于显示器分辨率，也以 dpi 衡量，常见的有 300dpi、600dpi 等。

（4）位分辨率。也称为位深，用来衡量每个像素存储的信息位元素。这个分辨率决定在图像的每个像素存放多少颜色信息，如一个 24 位的 RGB 图像，即表示其各原色 R、G、B 使用了 8 位，共能表示的颜色信息有 2^{24} 种。颜色信息越多，图像色彩越接近自然色。

1.3.5 颜色模式

颜色模式决定用来显示和打印图像的色彩模型，每一种颜色模式所包含的颜色范围不同，因此也应用于不同的工作环境。如果熟悉数字图像的颜色模式，可大大提高对颜色的准确把握，从而合理有效地使用它。颜色模式常见的有以下几种。

1．RGB 模式

利用红（Red）、绿（Green）、蓝（Blue）三种基本颜色按不同的比例和强度叠加来表示颜色，大部分图像文件都是以 RGB 模式存储的。彩电的显像管及计算机的显示器都是以这种方式来混合出不同的颜色效果的。

典型的情况是：R、G、B 三个色值同时为 0 时，表示为黑色；R、G、B 三个色值同时为 255 时，表示为白色；R255、G0、B0 时表示为红色；R0、G255、B0 时表示绿色；R0、G0、B255 时表示蓝色。

2．CMYK 模式

CMYK 模式是一种用于印刷的模式，分别由青（Cyan）、洋红（Magenta）、黄（Yellow）、黑（Black）四色光组成。

CMYK 模式在本质上与 RGB 模式没有什么区别，只是产生色彩的原理不同。由于 RGB 颜色合成可产生白色，因此 RGB 产生颜色的方法称为加色法；而青（C）、洋红（M）和黄（Y）的色素在合成后可以吸收所有光线并产生黑色，因此 CMYK 产生颜色的方法称为减色法。典型情况下，在 CMYK 四种颜色的色值同时为 100 时，最终呈现的将是黑色。

3．Lab 模式

Lab 模式是以一个亮度分量 L 及两个颜色分量 a 和 b 来表示颜色的。其中 L 的取值范围是 0～100，a 分量代表由绿色到红色的光谱变化，而 b 分量代表由蓝色到黄色的光谱变化，a

和 b 的取值范围均为－120～120。

Lab 模式是 Photoshop 内部的颜色模式，是目前所有颜色模式中色彩范围（或称色域）最大的。

4．HSB 模式

HSB 模式是一种基于人的知觉的颜色模式，利用色相（H）、饱和度（S）、亮度（B）三个色彩要素来描述颜色。Photoshop CS 不直接支持该模式，因此在 Photoshop CS 中不能从其他模式转换成 HSB 模式。

5．位图模式

位图模式只有黑、白两种颜色，所以位图模式的图像也称为黑白图像，它的每一个像素都是用 1 位的位分辨率来表示的，因此在该模式下不能制作色调丰富的图像。在图像尺寸、分辨率相同的情况下，位图模式的图像文件最小。

6．灰度模式

灰度模式共有 256 级灰度，可表现出丰富的色调，但始终是一幅黑白图像。灰度图像的每一个像素有一个 0（黑色）～255（白色）之间的亮度值，是由 8 位的位分辨率来记录的。在将彩色图像转换成位图模式时，必须先将其转换成灰度模式，然后再转换成位图。

7．索引颜色模式

索引颜色模式只能表现 256 种颜色，不能完美地表现出颜色丰富的图像。该模式在印刷中很少使用，由于这种模式的图像比 RGB 模式的图像小得多，大约只有它的 1/3，所以被广泛应用于 Web 领域和多媒体制作领域中。

8．双色调模式

双色调模式用两种颜色的油墨来制作灰度图像，由灰度模式发展而来。如要将其他模式的图像转换成双色调模式的图像，必须先转换成灰度模式。该模式最主要的用途是使用尽量少的颜色表现尽量多的颜色层次，在印刷中有利于减少成本。

9．多通道模式

多通道模式对有特殊打印要求的图像非常有用，例如，如果一幅图像中只用一两种或两三种颜色时，使用该模式可减少印刷成本并保证图像颜色的正确输出。

1.4 课堂实训一：定制 Photoshop CS 操作环境

1.4.1 实训目的

- 设置个性化的 Photoshop CS 操作窗口。
- 掌握设置并优化预置环境。

1.4.2 实训预备

为便于编辑图像，需要依据个人喜好设置 Photoshop CS 的系统参数，提高工作效率。

1．内存与磁盘

在 Photoshop CS 中可以对内存进行有效管理，以获得最佳的工作环境。在编辑图像时，如计算机中的内存不能满足操作需要，则 Photoshop CS 会自动启用硬盘空间作为虚拟内存来补充，而被作为虚拟内存使用的磁盘空间，即称为暂存盘。

执行"编辑/预置/内存与图像高速缓存"菜单命令，打开"预置"对话框，如图 1.4 所示，在"高速缓存级别"文本框中可输入 1～8 的数字来设定画面显示和重绘的速度，数值越大速度越快，但会减少系统可用的内存。

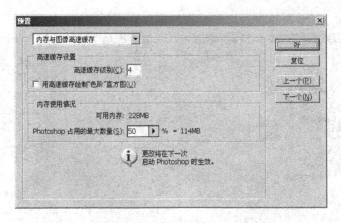

图 1.4　"内存与图像高速缓存"对话框

Photoshop CS 可设定 4 个作为虚拟内存的磁盘，能使用这些暂存盘创建 200GB 的虚拟内存空间，但要注意以下原则：

- 要获得最佳性能，暂存盘应与正在编辑的任何大文件不在同一磁盘上。
- 暂存盘应为本机盘，即不应通过网络访问暂存盘。
- 暂存盘应定期去碎片。

2．显示方式与光标

图像在屏幕上显示的效果与显示器的设置有关，在 Photoshop CS 中也可设置显示方式。

首先在 Windows 的"控制面板"窗口中双击"显示"图标，打开"显示属性"窗口，如图 1.5 所示，单击"设置"选项卡，在"颜色"列表框中设置颜色种类，在"屏幕区域"设置屏幕显示的分辨率。

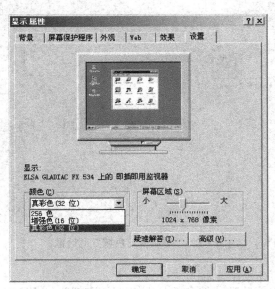

图 1.5　"显示属性"窗口

再在 Photoshop CS 中设置显示方式，执行"编辑/预置/显示与光标"菜单命令，打开如图 1.6 所示的对话框，设置"显示"参数、光标形状，其中绘画光标是设置绘图工具（包括橡皮擦、铅笔、画笔、图章、涂抹、模糊、锐化、减淡、加深和海绵工具等）的光标显示方式。

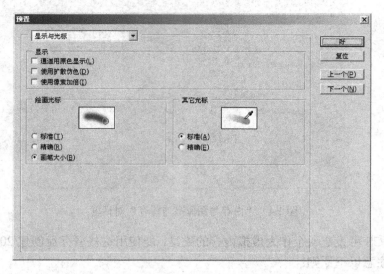

图 1.6 "显示与光标"对话框

3．透明区域显示

图层有透明与不透明之分，所以为方便编辑图像，必须设置透明区域，以便区分透明区域与不透明区域。

执行"编辑/预置/透明度与色域"菜单命令，打开如图 1.7 所示的对话框，设置透明区域网格的大小、颜色及色域警告的颜色等。

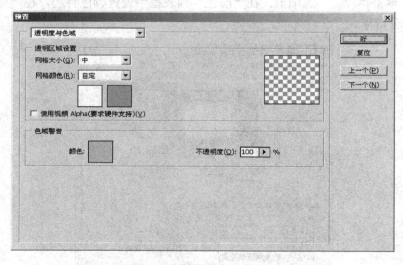

图 1.7 "透明度与色域"对话框

4．文件保存参数

图像文件在保存时有一些默认的参数，执行"编辑/预置/文件处理"菜单命令，打开如图

1.8 所示的对话框，设置是否保存图像缩览图、文件扩展名格式等，值得注意的是在"最大兼容 PSD 文件"列表框中选择"总是"，可以使 Photoshop CS 较好地与旧版本保存的文件相兼容，以使保存的文件可以用旧版本的 Photoshop 打开。

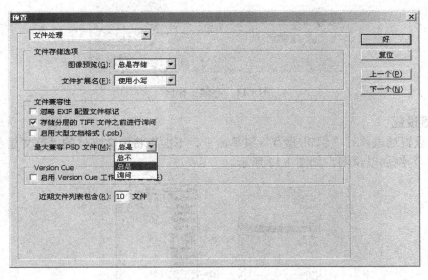

图 1.8　"文件处理"对话框

1.4.3　实训步骤

1．启动 Photoshop CS

（1）启动后显示如图 1.1 所示的默认窗口，右侧显示有 4 组面板。

（2）单击"窗口"菜单，显示如图 1.9 所示的下拉菜单，打有"√"的选项表示已显示于操作窗口中，可分别在相应的选项上单击，去掉或打上"√"，使其在操作窗口中关闭或显示。

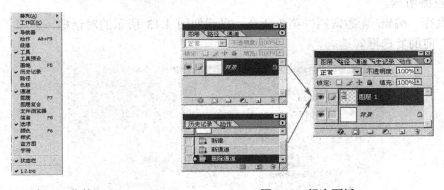

图 1.9　"窗口"菜单　　　　　　　　　　　　图 1.10　组合面板

2．拆分、组合面板

（1）移动鼠标到"历史记录"面板的标签，按下鼠标拖至"图层"面板中释放左键，即可组合面板，组合后的面板如图 1.10 所示；如拖至面板之外的任何区域即可分离出"历史记录"面板。

（2）按照个人的使用习惯拆分或组合面板，执行"窗口/工作区/存储工作区"菜单命令，在如图 1.11 所示窗口中输入存储的工作区名称，完成操作界面保存工作。

提示：以后执行"窗口/工作区"菜单命令时会显示已存储的工作区名称，单击即应用。执行"窗口/工作区/复位调板位置"菜单命令，恢复默认的操作窗口。按 Tab 键将显示/关闭所有面板，按"Shift+Tab"组合键将显示/关闭除工具箱外的所有面板。

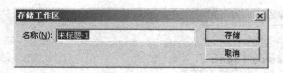

图 1.11　存储工作区

3. 预置设置

预置的设置通过执行"编辑/预置"菜单命令，下面以将中文字体的"英文显示"转换为"中文显示"为例加以说明，如图 1.12 所示。

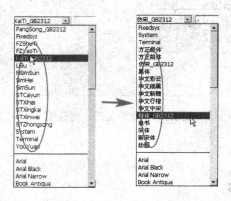

图 1.12　中文字体显示转换

（1）选择工具箱中的"文字工具" T，查看选项栏"字体"列表框中的字体显示为英文，如图 1.12 左侧所示。

（2）执行"编辑/预置/常规"菜单命令，显示如图 1.13 所示的对话框，去掉"显示英文字体名称"前的复选框勾选。

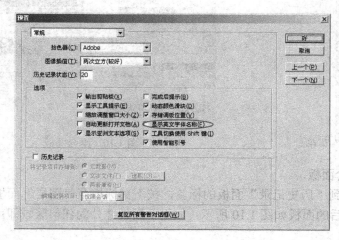

图 1.13　"常规"对话框

（3）单击"好"按钮，再次返回到文字工具 T.的工具选项栏，可发现"字体"下拉列表框中字体已显示为中文，如图 1.12 右侧所示。

1.5　课堂实训二：园卡设计——Photoshop CS 文件基本操作

1.5.1　实训目的

● 熟悉图像文件的打开、创建及保存。
● 利用图片的裁切工具、文字工具、辅助工具等创建如图 1.14 所示的园卡效果。

1.5.2　实训预备

Photoshop CS 提供了图像编辑时可作为测量及定位的辅助工具，它们分别是标尺、网格、参考线等。

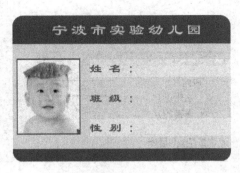

图 1.14　园卡效果图

1．标尺

标尺可显示当前光标所在位置的坐标值和图像尺寸，可准确地对齐对象和选取范围。

执行"视图/标尺"菜单命令或按"Ctrl+R"组合键，图像窗口中显示标尺，如图 1.15 所示，包括水平标尺与垂直标尺。默认设置下，标尺的原点（0，0）在窗口左上角；为适应要求可调整原点位置，将鼠标指向标尺左上角的方格内按下左键拖动，在适当处释放鼠标，其原点即可改变；若要还原标尺的原始位置，在标尺左上角方格内双击即可。

图 1.15　标尺显示

一般情况下标尺以"厘米"为单位，如要改变，执行"编辑/预置/单位与标尺"菜单命令，从中可以选择标尺的单位，如像素、英寸、点、毫米等。

2．参考线

参考线主要用来对齐物体，建立参考线有两种方法：一种是先显示标尺，然后在标尺上按下鼠标左键并拖动至图像窗口中任意位置，释放鼠标即出现；另一种是执行"视图/新参考线"菜单命令，打开如图 1.16 所示的对话框，选择方向并输入参考线的位置值即可。

选择工具箱中的"移动工具"，按住参考线可移动参考线的位置。执行"视图/锁定参考线"菜单命令可锁定参考线，在精确的定位后经常使用该方法。执行"视图/清除参考线"菜单命令可清除图像中所有的参考线。参考线的颜色及线型可设置改变，执行"编辑/预置/参考线、网格和切片"菜单命令，打开如图 1.17 所示的对话框，可设置参考线的颜色、样式等。

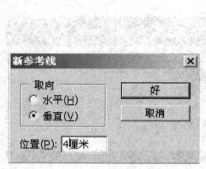

图 1.16 "新参考线"对话框   图 1.17 "参考线、网格和切片"对话框

3．网格

网格可用来对齐参考线，执行"视图/显示/网格"菜单命令或按"Ctrl+"组合键，可显示或隐藏网格。

1.5.3 实训步骤

1．设置园卡背景

（1）启动 Photoshop CS，执行"文件/新建"菜单命令，弹出"新建"对话框，设置如图 1.18 所示，单击"好"按钮。

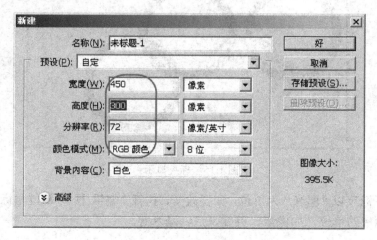

图 1.18 "新建"文件对话框

（2）单击工具箱中的■按钮，在弹出的"拾色器"对话框中输入颜色值（R：24、G：60、

B：151），设置前景色为深蓝色。

（3）选择工具箱中的"圆角矩形"，在其选项栏中设置半径为 20 像素，如图 1.19 所示，然后在文件中拖动鼠标，绘制与画布满屏的圆角矩形。

图 1.19　"圆角矩形"工具选项栏

提示："圆角矩形"工具属于自定义形状工具的一种，设置不同的半径值可得到不同的圆角矩形效果。

（4）单击"图层"面板中的"创建新的图层"按钮，建立新图层，如图 1.20 所示。

（5）选择工具箱中的"矩形选框"工具，在图层 1 中创建矩形选区，设置背景色为粉红色，按"Ctrl+Del"组合键填充背景色，如图 1.21 所示，按"Ctrl+D"组合键取消选区。

提示：利用前景色填充选区的快捷键为"Alt+Del"。

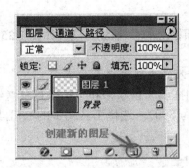

图 1.20　新建图层

图 1.21　填充背景色后效果图

2．导入人物照片

（1）执行"文件/打开"菜单命令，打开如图 1.22 所示的照片。

（2）选择工具箱中的"裁切工具"，框选小孩头像，按 Enter 键确认载切，按"Ctrl+A"组合键全选裁切好的图像，按"Ctrl+C"组合键复制后粘贴到前面新建的园卡背景文件中。

（3）执行"编辑/自由变换"菜单命令，将照片适当缩小，选择工具箱中的"移动工具"，移到合适位置，如图 1.23 所示。

图 1.22　人物照片

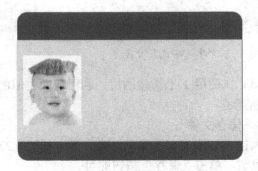

图 1.23　头像缩放后效果图

（4）执行"编辑/描边"菜单命令，弹出"描边"对话框，设置如图 1.24 所示，为照片描边。

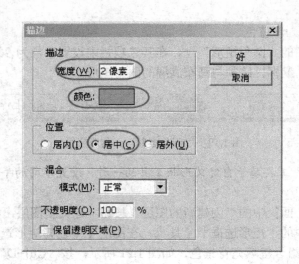

图 1.24 "描边"对话框

3. 输入园卡内容

（1）选择工具箱中的"横排文字工具" T，单击选项栏上的 按钮，设置如图 1.25 所示，输入幼儿园名称。

提示：输入文字后自动新建一文本图层，图层以输入的文字命名。

（2）执行"视图/标尺"菜单命令，显示标尺，分别拖出 3 条水平和 1 条垂直参考线，输入姓名、班级、性别等文本（字号为 24 点、字符间距为 500），选择工具箱中的 工具，分别移动对齐参考线，效果如图 1.26 所示。

图 1.25 "字符格式"设置

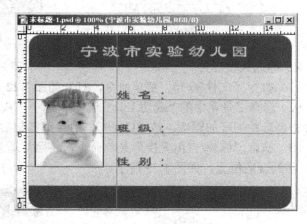

图 1.26 参考线应用

（3）在图层 1 上新建图层，利用前面类似的方法为"姓名"、"性别"制作文本背景，在此不再赘述。

4. 保存文件

执行"文件/存储"菜单命令，弹出如图 1.27 所示的窗口，输入文件名、选择存储位置及文件类型，单击"保存"按钮即可。

提示：建议在文件新建不久即保存，处理过程中随时保存，以防万一；首次保存可以以.psd格式存储（多图层），最终成稿后尽量以其他格式另存。

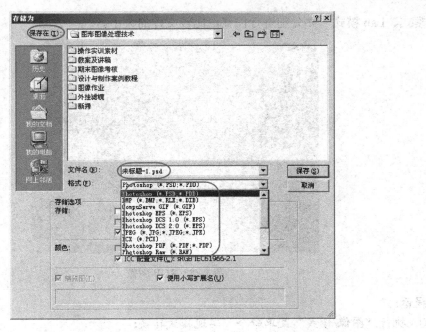

图 1.27 "存储为"对话框

习题与课外实训

1．选择题

（1）下列哪个是 Photoshop CS 图像最基本的组成单元？（　　　）

A．结点；   B．像素；

C．色彩空间；   D．路径。

（2）在 Photoshop CS 中通常以（　　　）为单位来衡量图像的清晰度。

A．PPI；   B．DPI；

C．Bit；   D．Pixel。

（3）（　　　）是一种包含位图和矢量图的颜色模式，用于文件绘图或排版的文件格式，所有文件都支持该格式。

A．RGB；   B．PSD

C．GIF；   D．EPS。

（4）当 RGB 模式转换为 CMYK 模式时，下列哪个模式可以作为中间过渡模式？（　　　）

A．Lab；   B．灰度；

C．多通道；   D．索引颜色。

（5）下列关于位图和矢量图的说法错误的是（　　　）。

A．位图放大后会发现有马赛克一样的单个像素；

B．矢量图的质量不受分辨率高低的影响；

C．由于位图是以排列的像素几何体形式创建的，所以能单独操作局部位图；

D．扩大位图尺寸，会使线条和形状显得参差不齐。

2．启动 Photoshop CS，打开如图 1.28 所示的 RGB 模式文件，分别将其转化为 CMYK、灰度模式、Lab 模式，并分别进行保存，比较文件的大小。

图 1.28 RGB 图像

提示：
① 执行"图像/模式"菜单命令，实现模式转换；
② 执行"文件/存储为"菜单命令，实现文件另存。

3．新建 RGB 模式的文件，大小为 8cm×6cm，分辨率为 100 像素/英寸，并自行设计一张个人名片（内容、颜色自定），要求保存为 GIF 格式。

第2章　图像选择技术

本章概要

1. 选区的基本概念与快捷键使用；
2. 规则选区的创建、修改、羽化与变换操作；
3. 应用套索工具、魔棒工具、色彩范围命令创建不规则选区的方法；
4. 选区的收缩、扩展、移动、描边、编辑、存储与载入等操作。

2.1　课堂实训一：绘制竹子效果

2.1.1　实训目的

- 掌握规则选区的创建与编辑。
- 利用矩形选框工具、椭圆选框工具、减少选区操作及渐变填充功能，绘制如图2.1所示的竹子效果。

2.1.2　实训预备

1. 选区的基本概念

选区是指用选择工具选取的一定范围，在 Photoshop CS 中，选区表现为短的黑白相间的选段沿所选区域的边缘顺时针跳动。选区

图 2.1　竹子效果图

有关的命令都可在"选择"菜单中找到，其中有如下几个常用的功能和快捷键。

（1）全选：快捷键为"Ctrl+A"。

（2）取消选择：快捷键为"Ctrl+D"。

（3）重新选择：此命令用于重复上一次操作中的范围选取，快捷键为"Ctrl+Shift+D"。

（4）反选：快捷键为"Ctrl+Shift+I"。

2. 规则选区的创建

Photoshop CS 中创建选区可以通过选择工具直接创建，也可使用色彩范围创建。工具箱中提供的选择工具主要有：选框工具、套索工具和魔棒工具。选框工具通常用来创建规则形状的选区，不规则形状的选区常用套索工具或魔棒工具创建。

选框工具是最基本、最简单的选择工具，主要用于创建简单的选区以及图形的拼接、剪裁等，包括矩形、椭圆、单行（行宽为1像素）和单列（列宽为1像素）四种形状，工具菜单如图2.2所示。

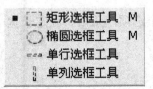

图 2.2　选框工具

提示： 新建选区时，选择矩形工具、椭圆工具的同时按 Shift 键，可分别绘制正方形、圆；如同时按 Alt 键，则分别从光标所在位置为中心绘制矩形、圆。

选定一种形状的选框工具，移动鼠标指针到图像窗口中拖动框选即可，并可通过如图 2.3 所示的选项栏设置参数，

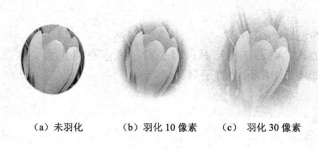

图 2.3 选框工具选项栏

提示： 如选项栏没有显示，可选择"窗口/选项"菜单命令或双击工具图标显示选项栏。

（1）修改选区。配合选项栏的 ▣▣▣▣ 按钮完成，分别是：

● 新选区▣：默认状态，选取新的范围。

● 添加到选区▣：在原选区的基础上增加范围，快捷键是 Shift 键。

● 从选区减去▣：减少原选区的范围，快捷键是 Alt 键。

● 与选区相交▣：选取原选区与新增选区的重叠部分，快捷键是"Alt+Shift"键。

（2）羽化选区。设置羽化功能，可在选区范围的边缘部分产生渐变晕开的柔和效果，羽化的取值范围在 0～250 像素之间。如图 2.4 所示分别为未进行羽化和进行了不同羽化值的图像效果。

（a）未羽化   （b）羽化 10 像素   （c）羽化 30 像素

图 2.4 羽化效果比较

提示： 选项栏中的羽化值必须在建立选区前设置才能生效，如已建立选区再设置羽化值，则必须执行"选择/羽化"菜单命令设置。

（3）消除锯齿。Photoshop CS 中的图像是由像素组成的，而像素实际上是正方形色块，所以当进行圆形选取或其他不规则选取时就会产生锯齿边缘。消除锯齿的原理是在锯齿之间添入中间色调，这样可从视觉上消除锯齿现象。如图 2.5 所示分别是未设定"消除锯齿"和设定"消除锯齿"两个椭圆选区填充颜色后的效果。

提示： "消除锯齿"功能仅用于"椭圆选框"工具，在另外三种选框工具中不可使用，而且必须在选取范围之前设定，否则这项功能不能实现。

（4）样式。该选项用来设置矩形或椭圆选区的长宽比，包括三个选项：正常、固定长宽比、固定大小，默认为"正常"。

2.1.3 实训步骤

（1）新建 RGB 模式的图像文件。

（2）单击图层面板的 ▣ 按钮，创建"图层 1"，选择矩形选框工具 ▣ 绘制矩形选区。

（3）选择两种不同的青绿色，给矩形选区填充线性渐变（渐变色的编辑见 2.4.2 节），如图 2.6 所示。

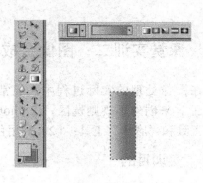

（a）设定"消除锯齿"　　　（b）未设定"消除锯齿"

图 2.5　椭圆选区填充颜色后效果对比　　　　图 2.6　矩形选区绘制和渐变填充

（4）选择椭圆选框工具 ，并保证当前编辑图层为"图层 1"，选择如图 2.7 所示区域，删除选区内的内容。

提示： 以上效果，也可先绘制矩形选区，然后利用椭圆工具把矩形选区修改成如图 2.8 所示选区（利用从选区减去），最后再填充线性渐变即可。

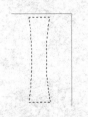

图 2.7　利用"椭圆选框"工具修正矩形　　　　图 2.8　绘制选区

（5）新建"图层 2"，创建椭圆"选区 1"，在工具选项栏选择 ，利用椭圆工具将"选区 1"修改成如图 2.9 所示，再选择油漆桶工具填充，调整竹节的位置，如图 2.10 所示。

（6）将"图层 1"拖到图层面板的 按钮上，建立"图层 1 副本"，利用移动工具调整位置。再分别复制其他图层，调整位置，得到如图 2.11 所示的效果。

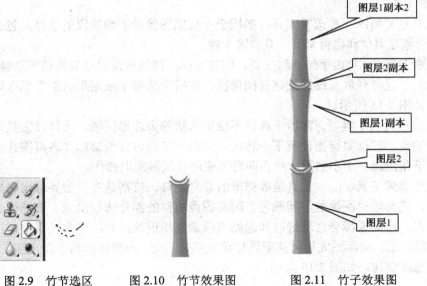

图 2.9　竹节选区　　　图 2.10　竹节效果图　　　图 2.11　竹子效果图

2.2 课堂实训二：图像合成

在图像处理的实际过程中，经常需要对不规则的范围进行处理，所以我们需要使用其他工具来创建不规则选区，在 Photoshop CS 中创建不规则选区的方法有：(1) 利用"套索"工具和"魔棒"工具；(2) 利用色彩范围命令。

2.2.1 实训目的

● 掌握不规则选区的创建及编辑方法，并能灵活应用。
● 利用"磁性套索工具"及"魔棒工具"选择不规则选区图像，合成如图 2.12 所示的效果。

图 2.12　图像合成效果图

2.2.2 实训预备

1. 套索工具

套索工具是常用的一种选择工具，多用于不规则图像及手绘线段的选择，包括套索工具 ◯、多边形套索工具 ▽ 和磁性套索工具 ▽ 等 3 种。

(1) 套索工具 ◯。自由手绘选区工具，按住鼠标左键沿着需要选取的范围边缘拖动绘制，当回到起始点位置时释放左键即创建封闭选区。常用于选取不规则形状的曲线区域，选区不是很精确，如图 2.13 所示。

(2) 多边形套索工具 ▽。常用于选择不规则形状的多边形区域。选择该工具后，将鼠标单击选择开始点，移动鼠标指针至下一转折点单击，当确定好全部的选取范围并回到开始点时，光标右下角出现一个小圆圈，单击即可完成闭合区域选取操作。

(3) 磁性套索工具 ▽。该工具是最精确的套索工具，特别是对于边界对比明显时选择非常方便快捷，还可以沿图像的不同颜色之间将图像相似的部分选取出来。选择该工具后，单击选择起始点，拖动鼠标会自动选取和起始点像素值相近的区域，整个过程中可以通过单击鼠标确定新的轮廓，选区完成后只需把鼠标移至起始点处，等到鼠标右下角出现一个小圆圈，单击即完成选区创建，如图 2.14 所示。

图 2.13　"套索"工具选取　　　　　　　　图 2.14　"磁性套索"工具选取

其工具选项栏中不同的参数含义如下:

- 频率:指定套索边结点的连接速度,数值在 1～100 之间,越大选取外框速度越快。
- 边对比度:设置套索的敏感度,数值在 1%～100%之间,数值大可用来探查对比锐利的边缘,数值小可用来探查对比较低的边缘。
- 光笔压力:设置绘图板的画笔压力,该项只有安装了绘图板和驱动程序才变为可选。

提示:"多边形套索工具"和"磁性套索工具"在绘制过程中按 Alt 键,可转换为"套索工具"。

2. 魔棒工具

魔棒工具使用选项栏上输入的容差值来创建选区,以图像中相近的色素来建立选区,常用于选择图像的颜色和色调比较单一的区域。其工具选项栏中各参数含义如下:

- 容差:表示颜色的选择范围,取值 0～255 之间,默认为 32。容差值越小,选取的颜色范围越小;容差越大,则选取颜色的范围越大,如图 2.15 所示为不同容差值时选取的范围。
- 连续的:选中该复选框,表示只能选中单击处邻近区域中的相同像素;而取消选中该复选框,则能够选中符合该像素要求的所有区域。
- 用于所有图层:该复选框用于具有多个图层的图像。未选中表示只对当前图层起作用,若选中它则对所有图层起作用,即可以选取所有层中相近的颜色区域。

(a) 容差为 30

图 2.15　不同容差时的选取范围

3. "色彩范围"命令

魔棒工具能够选取具有相同颜色的图像，但它不够灵活，当选取不满意时，只好重新选择。因此，Photoshop CS 提供了一种比魔棒工具更具有弹性的选择方法 —— "色彩范围"命令，用该命令选取不但可以一边预览一边调整，还可随心所欲地完善选区的范围。利用"色彩范围"命令创建选区步骤如下：

（1）执行"选择/色彩范围"菜单命令，弹出"色彩范围"对话框，如图 2.16 所示。

（2）从"选择"下拉列表框中选取需要选择的颜色；或选择"取样颜色"，使用"吸管工具"选取颜色。

（3）在"颜色容差"文本框中输入数值或拖动"颜色容差"调节杆上的滑块来设置选取颜色的范围，"颜色容差"值越大，选取范围越大，如图 2.17 所示。

图 2.16　"色彩范围"对话框　　　　　　图 2.17　不同颜色容差时的选择范围

（4）选择"选择范围"单选按钮只预览要创建的区域，选择"图像"单选按钮可以预览整个图像。还可在"选区预览"下拉列表中选择预览方式，默认值为"无"。

（5）单击"存储"按钮可以存储选区，选择"反相"复选框则可以进行反选。

4. 选区的存储与载入

选区创建后可保存起来，以备重复使用，特别是对于一些复杂的选区。保存后的选区范围将成为一个蒙版显示在通道面板中，当需要时可以从通道面板中进行载入。

（1）存储选区。创建选区后执行"选择/存储选区"菜单命令，弹出"存储选区"对话框，如图 2.18 所示。

- 文档：保存选取范围时的文件位置，默认为当前图像文件。
- 通道：为选取范围选取一个目的通道，默认情况下选取范围被存储在新通道中。
- 名称：设定新通道的名称。该文本框只有在"通道"下拉列表中选择了"新建"选项时才有效。
- 操作：如果在"通道"选项中选择一个已有的通道，则可在"操作"选项选择操作方式，包括"新通道"、"添加到通道"、"从通道中减去"和"与通道交叉"。

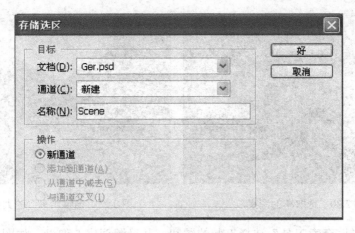

图 2.18 "存储选区"对话框

（2）载入选区。执行"选择/载入选区"菜单命令，弹出"载入选区"对话框，如图 2.19 所示。

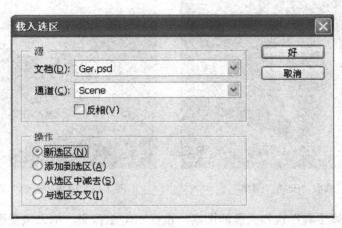

图 2.19 "载入选区"对话框

- 文档：选择图像文件名，即从哪一个图像中安装进来。
- 通道：选择通道名称，即选择安装哪一个通道中的选取范围。
- 反相：选中该复选框，则将选取范围反选。
- 操作：选择载入方式，默认"新选区"，其他的只有在图像上已有选区时才可使用。

2.2.3　实训步骤

（1）新建图像文件，执行"文件/打开"菜单命令，依次打开如图 2.12（左）所示的四个图像文件。

（2）将"车.jpg"作为当前编辑图像，选择"磁性套索工具"，设置羽化 5 像素，选取车的图案，如图 2.20 所示。

（3）选择"移动工具"，将选区拖动到风景图像编辑窗口，此时新增"图层 1"，调整车的大小及位置，如图 2.21 所示。

图 2.20　选取车的图案　　　　　　　　图 2.21　调整"车"的大小与位置

（4）利用"磁性套索工具"选择天鹅的图案，并设置羽化 5 像素，如图 2.22 所示。

（5）同上述方法，将选区拖动到风景图像编辑窗口，并调整天鹅的大小及位置，如图 2.23 所示。

图 2.22　选取"天鹅"图案　　　　　　　图 2.23　调整"天鹅"的大小及位置

（6）选择"魔棒工具"选择大雁的图案，设置羽化 2 像素，拖入风景图像编辑窗口，调整大小及位置，如图 2.24 所示。

图 2.24　调整"大雁"的大小及位置

提示：使用"魔棒工具"选择大雁时，适当减少容差值（如 20），先选择天空，再反选。"魔棒工具"在使用时反其道而行之，并配合容差值的设置常有意想不到的选择效果。

（7）合并所有图层，保存成.jpg 格式文件。

2.3 课堂实训三：磁砖效果

2.3.1 实训目的

- 掌握图像选区的收缩、扩展、载入及变换操作。
- 创建单行、单列选区，并进行扩展、填充，利用自由变换、添加图层样式等，创建如图 2.24 所示的磁砖效果。

图 2.25 磁砖效果图

2.3.2 实训预备

创建选区往往不能一步到位，如大小不适、位置不准确、角度不合理等，需要进行编辑修改后才能使用，主要通过"选择"菜单的相关命令进行操作。

1．移动选区

创建选区后，选择任意一种选取工具，将光标移动到选区内，拖动即可实现移动。如要对选区的位置进行细致调节，可使用方向键来完成，每按一次，选区移动 1 像素的距离，如图 2.26 所示。

提示： 移动过程中同时按 Shift 键，可以使选区按垂直、水平或 45° 角方向移动。

2．修改选区

创建选区后执行"选择/修改"菜单命令，可分别以不同的方式修改选区：边界、平滑、扩展、收缩。

（1）边界：该命令可在原有选区周围选取像素区，边界的尺寸取决于输入的像素值，取值在 1～200 之间。边界区域根据输入的像素值自动计算其内部和外部范围，而在内部和外部都有羽化的边缘，效果如图 2.27 所示，其中从图 2.27（c）中可看出羽化效果。

图 2.26 移动选区

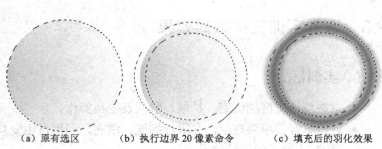

（a）原有选区　　　（b）执行边界 20 像素命令　　　（c）填充后的羽化效果

图 2.27 执行"边界"命令的效果图

（2）平滑：执行"选择/修改/平滑"菜单命令，弹出"平滑选区"对话框，在"取样半径"输入框中输入半径值，范围是 1～100，可将选区变成平滑的效果，它是通过设置选区边界的最小半径来实现的，如图 2.28 所示为将选区平滑 20 像素的前后效果。

（a）原有选区　　　　　　　　　　　　　（b）平滑 20 像素后的选区

图 2.28 执行"平滑"命令的效果图

（3）扩展和收缩："扩展"和"收缩"命令的用法相似，"扩展"能将选区边界向外扩大 1～100 像素，"收缩"则将选区边界向内收缩 1～100 像素。

3．扩大选取与选取相似

执行"选择/扩大选取"或"选择/选取相似"命令可进一步改变选区范围。

（1）扩大选取：扩大原有的选取范围，所扩大的范围是原有的选取范围相邻和颜色相近的区域。

（2）选取相似：类似于"扩大选取"，但是它所扩大的选择范围不限于相邻的区域，只要是图像中有近似颜色的区域都会被选取。

4．变换选区

创建选区后执行"选择/变换选区"菜单命令，可实现对选区的任意变换。

执行"变换选区"命令后，选区四周出现 8 个结点，用鼠标拖动结点可以实现对选区的放大、缩小和旋转等操作；也可执行"编辑/变换"菜单命令，实现对选区的斜切、扭曲等操作，如图 2.29 所示。

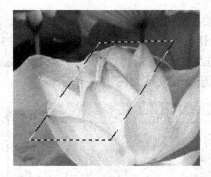

图 2.29 "变换选区"效果图

提示: 变换选区的同时按"Shift+Alt"组合键,可实现四周等比例缩放操作。如在圆或椭圆变换中缩放的像素值较大,建议选用"变换选区"功能,而不选用"修改"中的"收缩"或"扩展"功能,以免生成的边界不圆滑。

5. 选区描边

创建选区后,执行"编辑/描边"菜单命令或右键菜单中选择描边,可以实现对选区的描边。三种描边效果如图 2.30 所示。

(a) 居内描边   (b) 居中描边   (c) 居外描边

图 2.30   描边效果图

2.3.3   实训步骤

(1)打开背景图片,按"Ctrl+R"组合键打开标尺,并拖出参考线。

(2)分别选择"单行选框工具"及"单列选框工具",沿参考线做出如图 2.30 所示的选区,注意绘制选区时,保证选项栏选中"添加到选区"。执行"编辑/描边"菜单命令,居中描边 1 像素,颜色选用深色即可,效果如图 2.31 所示。

(3)反选选区,右击背景图层选择"通过复制的图层",将选区中的内容复制为"图层 1","图层 1"的内容如图 2.32 所示,可发现整幅图像由分裂的正方形方块构成。

图 2.31   绘制选区并描边   图 2.32   复制的"图层 1"

（4）按 Ctrl 键的同时，单击"图层 1"，载入"图层 1"的选区，添加"投影"、"斜面和浮雕"（默认参数）图层样式，效果如图 2.33 所示。

（5）在背景层上新建"图层 2"，利用油漆桶工具填充土黄色，执行"滤镜/龟裂缝"菜单命令，"图层 2"效果如图 2.34 所示。

 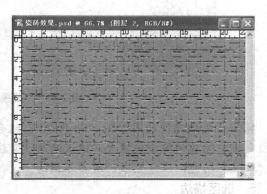

图 2.33　添加图层样式　　　　　　　　　　图 2.34　"图层 2"效果图

（6）选择矩形选框工具，在"图层 1"上绘制一个矩形选区，如图 2.35 所示，按"Ctrl+J"组合键将选区中的内容复制为"图层 3"。

图 2.35　绘制矩形选区、复制图层

（7）按 Ctrl 键同时单击"图层 3"，载入选区，使"图层 1"为当前图层，删除选区中的内容。

（8）对"图层 3"执行"编辑/自由变换"命令，保存最终效果。

2.4　课堂实训四：光盘效果

2.4.1　实训目的

- 掌握渐变色的设置与颜色填充。
- 利用圆选区的创建、选区变换及选区的修改、反选、描边等功能，并应用角度渐变、

"渐变叠加"图层样式、图层复制、设置图层混合模式、自由变换等操作，绘制如图2.36所示的光盘效果。

图 2.36　光盘效果图

2.4.2　实训预备

对选区进行填充，可以有渐变填充、油漆桶填充、"填充"命令等几种方法。

1．渐变填充

"渐变工具" 可以创建多种颜色间的逐渐混合，通过在图像中拖动用渐变填充区域。但渐变工具不能用于位图、索引颜色或每通道 16 位模式的图像。

渐变工具主要有线性渐变、径向渐变、角度渐变、对称渐变、菱形渐变等 5 种类型，在应用时可通过如图 2.37 所示的选项栏进行设置。

图 2.37　"渐变工具"选项栏

在进行创作时，可以编辑渐变颜色，以获得特殊的效果。操作如下：

（1）选择"渐变工具"，单击选项栏中"点按可编辑渐变"，打开如图 2.38 所示的"渐变编辑器"对话框。

（2）可从"预览"处选择已设置好的渐变效果，也可直接编辑新的渐变颜色。将鼠标移至下方的渐变色带上，当光标变成 时，单击颜色条的下方将增设一个颜色点，选中后单击"颜色"可改变颜色；单击颜色条上方的 可设置透明度。

（3）指定渐变颜色点后，可改变渐变颜色在色带上的位置，还可在渐变色带上单击中点标志 ，拖动改变两种颜色之间的中点位置。

（4）设置满意的渐变效果后，单击"新建"按钮

图 2.38　渐变编辑器

即将该效果保存，单击"好"按钮完成编辑。

2．油漆桶填充

"油漆桶"工具是按照图像中像素的颜色进行填充色处理，它的填充范围是与鼠标落点所在像素点的颜色相同或相近的像素点。

选择"油漆桶"工具，可在选项栏中选择"前景色"或"图案"填充。选择"图案"选项后，单击选项栏的"图案"下拉列表，弹出如图2.39（左）所示的窗口，单击右上角的⊙可打开如图2.39（右）所示的菜单，选择"载入图案"可进一步载入其他的图案。

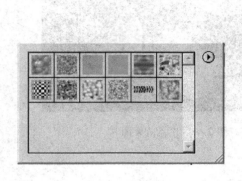

图 2.39 "图案"下拉列表（左）与"载入图案"菜单（右）

3．填充命令

"填充"命令可以对整个图像或选取范围进行颜色填充，使用"填充"命令除了能填充一般的颜色之外，还可以填充图案和快照内容。

2.4.3 实训步骤

（1）新建图像文件，将背景图层填充黑色。

（2）新建"图层1"，选择"渐变工具"，进入"渐变编辑器"，首先设置同一种颜色的渐变色带，如图2.40（左）所示，再依次增设渐变颜色点，如图2.40（右）所示。

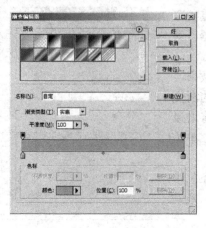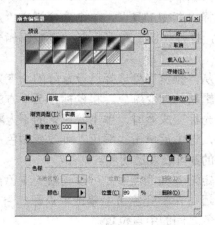

图 2.40 渐变色编辑

（3）选择"角度渐变" 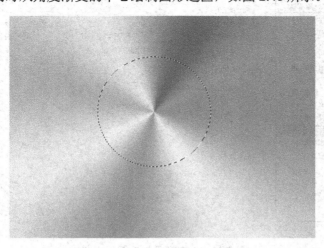，从"图层 1"的中心往外拖动，绘制渐变效果，再选择椭圆工具，按 Alt 键的同时从角度渐变的中心绘制圆形选区，如图 2.41 所示。

图 2.41　绘制从中心开始的圆

（4）执行反选（注意选中"消除锯齿"），删除内容，再反选，执行"选择/变换选区"菜单命令，按"Shift+Alt"组合键同时等比例收缩选区范围，结果如图 2.42 所示。

（5）删除选区的内容，执行"选择/修改/收缩"菜单命令，收缩 4 像素。

（6）新建"图层 2"，执行"编辑/描边"菜单命令，设置如图 2.43 所示的"描边"对话框。

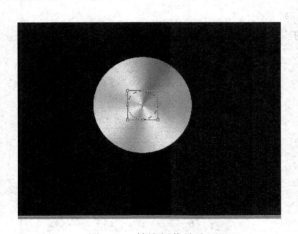

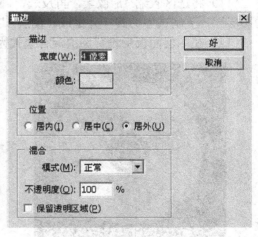

图 2.42　等比例收缩选区　　　　　　　图 2.43　"描边"对话框

（7）执行"选择/变换选区"菜单命令，等比例缩小圆形选区。

提示： 上述两步中分别使用了"收缩"与"变换选区"来缩小圆形选区，请读者注意原因（前面 2.3.2 节中已有表述）。

（8）新建"图层 3"，同上述方法，进行描边操作。单击图层面板下方的 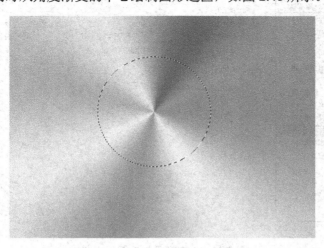 按钮，添加"渐变叠加"图层样式，如图 2.44 所示。

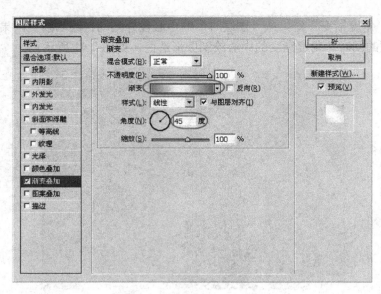

图 2.44　"渐变叠加"图层样式

（9）右击"图层 3"，在快捷菜单中选择"复制图层样式"，再右击"图层 2"，选择"粘贴图层样式"。

（10）选择魔棒工具，单击"图层 1"的空白处，载入选区，此时选中的是除圆环外的空白区域，再选择椭圆工具，按 Alt 键的同时框选中间的小圆形选区，再执行反选，结果如图 2.45 所示。

（11）将选区收缩 15 像素，再反选，确保当前图层为"图层 1"，右击选择"通过复制的图层"，复制选中的圆环并生成"图层 4"。

（12）在图层面板中设置图层混合模式为"强光"，如图 2.46 所示。

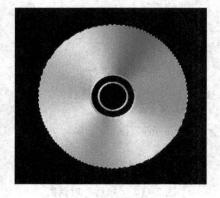

图 2.45　载入圆选区

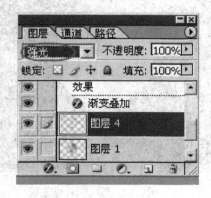

图 2.46　设置图层混合模式

（13）去掉背景图层前的 👁，让背景不可见，再单击图层面板右上角的 ⊙，选择"合并可见图层"。

（14）复制合并成的图层，执行自由变换功能，保存最终效果。

习题与课外实训

1．利用提供的心形图案，绘制如图 2.47 所示的心心相印效果。

提示：

① 复制心形图案，并进行收缩；

② 载入选区，填充不同颜色。

2．利用魔棒、渐变填充等工具，制作如图 2.48 所示的效果。

提示：

① 利用魔棒工具选择花朵的背景；

② 背景填充渐变效果，四周利用描边功能。

图 2.47　心心相印

图 2.48　渐变效果图

3．利用所给的素材，完成如图 2.49 所示效果的合成。

提示： 利用椭圆工具并设置羽化效果选取头像。

4．利用线性渐变、选区变换等操作，制作如图 2.50 所示的立体圆筒效果。

图 2.49　合成效果图

图 2.50　立体圆筒图

提示：

① 创建矩形选区，填充线性渐变；

② 椭圆选区，变换后存储以便载入使用；

③ 圆口先填充颜色，再等比例收缩。

第 3 章　绘画编辑与图像修饰技术

本章概要

1. 使用画笔面板，设置不同应用场合的画笔效果，使用自定义画笔；
2. 形状工具的设置及使用；
3. 图章、修复画笔、修补、颜色替换等工具进行图像的修补操作；
4. 模糊、锐化、涂抹、减淡、海绵等工具进行图像的修饰操作。

3.1　课堂实训一：绘制风景效果图

3.1.1　实训目的

● 掌握画笔工具的使用。
● 利用不同的画笔工具，配合动态画笔，绘制如图 3.1 所示的风景效果图。

图 3.1　风景效果图

3.1.2　实训预备

1. 画笔工具

画笔工具主要用来创建比较柔和的线条。单击"工具箱"中的画笔工具 ，选项栏如图 3.2 所示。

图 3.2　画笔的工具选项栏

● 模式：设置画笔颜色的模式，默认值为正常。
● 不透明度：设置画笔颜色的透明度，取值范围为 0～100%。
● 流量：设置画出的颜色浓度，取值范围为 0～100%。

单击"画笔"选项后面的向下三角形按钮，在弹出的画笔设置面板中，可通过移动主直径的滑块或直接更改主直径值来设置主画笔的直径，通过移动硬度的滑块或直接更改硬度值可以修改画笔的硬度。

单击画笔设置面板右上角的三角形按钮，弹出如图 3.3 所示的画笔预设面板。

在弹出的画笔预设面板中可更改画笔样式的预览方式，有纯文本、小缩览图、大缩览图、大列表、小列表和描边缩览图。Photoshop CS 自带了一些画笔样式，有书法画笔、仿完成画笔等，可以在当前画笔样式的基础上添加或替换原有画笔样式。如果当前的画笔样式太杂乱，可单击复位画笔来对画笔进行复位。

2．画笔窗口

执行"窗口/画笔"菜单命令，或者单击画笔工具选项栏右方的 ▤ 按钮，可以调出画笔窗口，最下方的一条波浪线是画笔效果的预览，如图 3.4 所示。

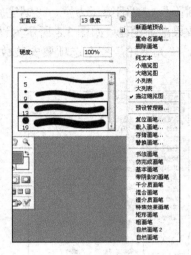

图 3.3　画笔预设面板

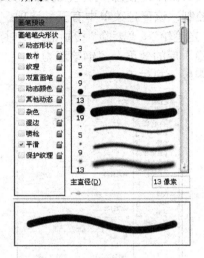

图 3.4　画笔窗口

（1）选择"画笔笔尖形状"选项，右侧出现对画笔编辑的各种控制选项，如图 3.5 所示。

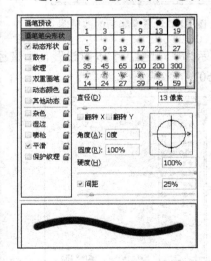

图 3.5　"画笔笔尖形状"选项

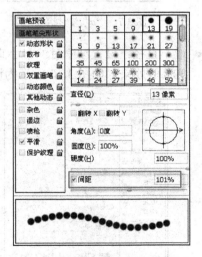

图 3.6　改变间距控制选项效果图

- 直径：设置画笔笔尖圆形的直径大小，最大可达 2500 像素。
- 角度：设置画笔笔尖圆形的倾斜角。
- 圆度：代表画笔笔尖椭圆长短直径的比例，当比例为 100%时笔尖形状为正圆形，当比例为 0 时椭圆形状最扁。

- "翻转 X"和"翻转 Y"：改变笔尖的形状，正圆情况下是没有任何改变。
- 硬度：对边缘羽化程度的控制。
- 间距：设置前一个画笔图案和后一个画笔图案之间的距离。如图 3.6 所示就是选择画笔笔尖为圆形设置时，更改了间距控制选项的效果。

（2）选择"动态形状"选项，可以直观的设置动态画笔，如图 3.7 所示。

- 大小抖动：设置笔尖大小进行随机变化。0 时画笔绘制时产生的画笔效果没有变化，100%时画笔绘制时产生的画笔效果随机变化自由度最大。
- 控制：该下拉菜单中有五种选项："关"、"渐隐"、"钢笔压力"、"钢笔斜度"、"光笔轮"，"渐隐"指画笔绘制时产生的画笔效果渐渐消隐。如图 3.8 所示为设置"渐隐"后的效果。"钢笔压力"、"钢笔斜度"、"光笔轮"三个选项要安装数字化绘图板才起作用。

 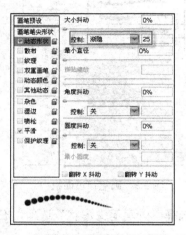

图 3.7 "动态形状"选项　　　　　　　　图 3.8 设置渐隐后的效果图

- 最小直径：设置渐隐时的最小直径，如图 3.9 所示为"渐隐"为 25 时设置最小直径为 30%的效果，如图 3.10 所示为设置最小直径为 60%的效果。

 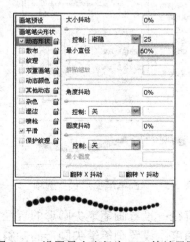

图 3.9 设置最小直径为 30%的效果图　　　图 3.10 设置最小直径为 60%的效果图

- 角度抖动：控制画笔笔尖圆形的倾斜角的变化。
- 圆度抖动：控制画笔笔尖椭圆长短直径的比例变化。

（3）选择"散布"选项，右侧各种控制选项如图 3.11 所示。

- 散布：设置控制画笔在垂直方向的分布，"两轴"如果选中则也可控制画笔在水平方向的分布，如图 3.12 所示为设置两轴散布 150%的效果。
- 数量：控制画笔产生的数量。
- 数量抖动：设置画笔数量产生的随机性。

（4）选择"纹理"选项，右侧各种控制选项如图 3.13 所示。

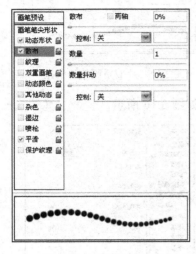

图 3.11　"散布"选项

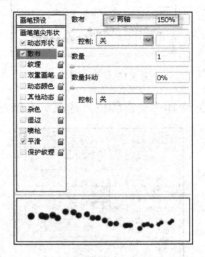

图 3.12　两轴散布 150%的效果图

在右侧选项框中可以设置多种纹理，其中"反相"用来设置纹理反相显示。

- 缩放：设置纹理的大小。
- 为每个笔尖设置纹理：设置是否对每个笔尖进行纹理设置，只有选择该复选框，"最小深度"和"深度抖动"才能进行设置。
- 模式：有八种模式可以选择。
- 深度：设置纹理添加到画笔中的程度。
- 最小深度：设置纹理添加到画笔中的最小深度。
- 深度抖动：设置纹理添加到画笔中的深度变化。

（5）选择"双重画笔"选项，右侧各种控制选项如图 3.14 所示。

在右侧选项框中可以设置在原有画笔的基础上添加其他形状的画笔，"模式"用来设置两种画笔的混合方法。如图 3.15 所示为设置添加草形状画笔后的效果。

- 直径：设置第二种画笔的直径。
- 间距：设置第二种画笔间的距离。
- 散布：设置第二种画笔在垂直方向上的散布，"两轴"选中则添加画笔在水平方向上的散布。

图 3.13 "纹理"选项

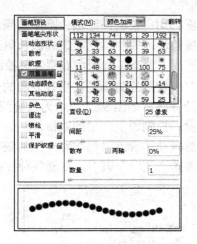

图 3.14 "双重画笔"选项

（6）选择"动态颜色"选项，右侧各种控制选项如图 3.16 所示。

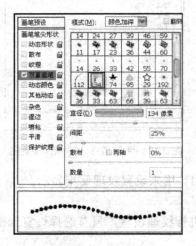

图 3.15 添加了草形状的画笔后的效果图

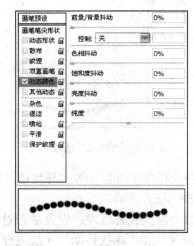

图 3.16 "动态颜色"选项

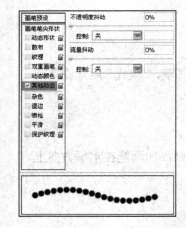

图 3.17 "其他动态"选项

- 前景/背景抖动：设置画笔效果在前景色和背景色间的变化情况。
- 色相抖动：设置画笔效果在色相方面的变化情况。
- 饱和度抖动：设置画笔效果在饱和度方面的变化情况。
- 亮度抖动：设置画笔效果在亮度方面的变化情况。
- 纯度：设置颜色的纯度。

（7）选择"其他动态"选项，右侧各种控制选项如图 3.17 所示。

- 不透明度抖动：设置画笔效果的不透明度的变化情况。
- 流量抖动：设置画笔效果在流量方面的变化情况。

3．自定义画笔

设置好画笔窗口的各种选项后，单击画笔窗口右下角"创建新画笔"按钮即可保存设定好的画笔。选取图像中的某一部分，可将图像中的内容保存成画笔，如图 3.18 所示。

图 3.18　选取图片的一部分

提示： 先将背景色设置为白色，定义后的画笔使用时就可以背景透明了。

执行"编辑/定义画笔预设"菜单命令，弹出如图 3.19 所示的窗口。

单击"好"按钮，即可将图片保存为画笔。在选项栏的"画笔"下拉菜单看到刚才所定义的画笔，如图 3.20 所示。

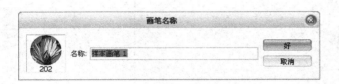

图 3.19　定义画笔

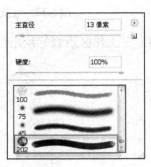

图 3.20　新定义的画笔

3.1.3　实训步骤

（1）启动 Photoshop CS，执行"文件/新建"菜单命令，弹出"新建"对话框，设置如图 3.21 所示，单击"好"按钮。

图 3.21　"新建"对话框

（2）设置前景颜色为"#F53B10"，背景颜色为"#FCED01"。选择"画笔"工具，设置画笔笔尖形状如图3.22（左）所示，动态颜色如图3.22（右）所示。

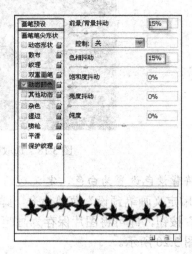

图3.22　设置画笔笔尖形状（左）及"动态颜色"设置（右）

（3）在工作区用画笔绘出色彩斑斓的枫叶，如图3.23所示。

图3.23　绘制枫叶

（4）重新设置前景色为"#7A807B"，重新设置画笔，笔尖形状设置如图3.24（左）所示，散布如图3.24（右）所示。

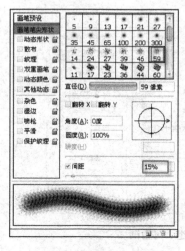

图3.24　设置画笔笔尖形状（左）及设置"散布"（右）

（5）在工作区用画笔绘出具有写真效果的山，如图 3.25 所示。

（6）重新设置前景色为"#F81C50"，重新设置画笔，笔尖形状设置如图 3.26 所示。

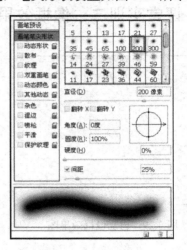

图 3.25　绘制山体　　　　　　　　　　　图 3.26　设置画笔笔尖形状

（7）在工作区用画笔绘出太阳，如图 3.27 所示。

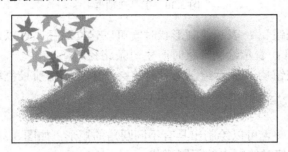

图 3.27　绘制太阳

（8）重新设置前景色为"#3CF956"，重新设置画笔，笔尖形状设置如图 3.28（左）所示，动态形状设置如图 3.28（右）所示。

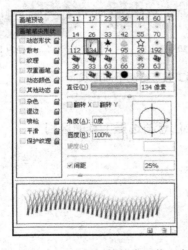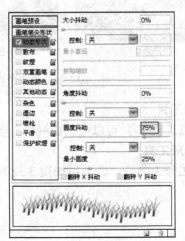

图 3.28　设置画笔笔尖形状（左）及设置"动态形状"（右）

（9）在工作区用画笔绘出草地，得到最终的整体效果。

3.2 课堂实训二：像框效果

图 3.29　自制像框效果图

3.2.1 实训目的

- 掌握形状绘制工具的使用。
- 利用形状绘制工具，绘制如图 3.29 所示的自制像框效果图。

3.2.2 实训预备

1．矩形工具

选择矩形工具 ▣，选项栏如图 3.30 所示。

图 3.30　工具选项框

- "形状图层"按钮 ▣：表示绘制形状时既可以建立路径又可以建立一个形状图层。
- "路径"按钮 ▣：表示绘制形状时产生一条路径。
- "填充像素"按钮 ▢：表示绘制形状时将会产生一个由前景色填充的形状。

提示：绘制矩形时，按 Shift 键可以画出正方形。

2．圆角矩形工具

选择圆角矩形工具 ▢，可以绘制出具有不同圆角的矩形，如图 3.31 所示即为"圆角矩形工具"设置不同的半径值时绘制出的不同形状。

半径为 0　　　　　　　半径为 20 像素　　　　　　　半径为 100 像素

图 3.31　"圆角矩形工具"绘制不同形状

3．椭圆工具

选择椭圆工具 ◯，可以绘制出椭圆，但要注意与选框工具的区别。

4．多边形工具

选择多边形工具 ◯，选项栏如图 3.32 所示。

图 3.32　多边形工具选项栏

- 半径：设置多边形的半径。
- 平滑拐角：用来平滑多边形的拐角。
- 星形：设置星形。
- 缩进边依据：设置星形缩进所用的百分比。
- 平滑缩进：用来平滑多边形的凹角。

如图 3.33 所示为半径为 3、选择星形后设置不同缩进边依据的不同形状。

图 3.33　设置不同缩进边依据的三角形

5．直线工具

选择直线工具，选项栏如图 3.34 所示，可以设置绘制箭头及设置绘制箭头起点、终点和凹度。

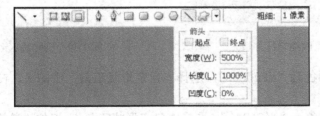

图 3.34　直线工具选项栏

6．自定形状工具

选择自定形状工具，选项栏如图 3.35 所示，可以选择不同的形状进行绘制，单击右上角的三角形，可以进行形状的载入及替换等操作。

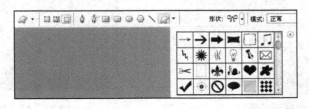

图 3.35　自定形状工具选项栏

3.2.3 实训步骤

（1）启动 Photoshop CS，执行"文件/新建"菜单命令，弹出"新建"对话框，设置如图 3.36 所示，单击"好"按钮。

（2）设置前景颜色为"#CED00B"，选择"圆角矩形工具"，绘制圆角矩形如图 3.37 所示。

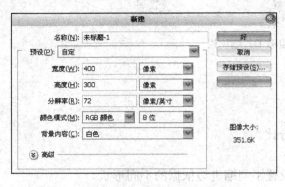

图 3.36 "新建"对话框　　　　　　　　　　　图 3.37 绘制圆角矩形

（3）设置前景颜色为"#E5E723"，载入圆角矩形选区，执行"选择/变换选区"菜单命令，按"Alt+Shift"组合键，等比例收缩，并填充前景色，如图 3.38 所示。

（4）同上方法收缩选区，并按 Del 键删除，如图 3.39 所示。

图 3.38 收缩选区并填充　　　　　　　　　　图 3.39 删除选区后的效果图

（5）设置前景颜色为"#FF0000"，选择"自定形状工具"中的 ⊙，在工作区绘制边角图案，如图 3.40 所示。

（6）设置前景颜色为"#626046"，选择"自定形状工具"，追加"装饰"类的形状，选择形状绘制出如图 3.41 所示的效果，至此自制像框完成，也可自由发挥，添加其他漂亮的图案。

图 3.40 绘制边角图案　　　　　　　　　　　图 3.41 最终效果图

3.3 课堂实训三：图像修补

3.3.1 实训目的

- 掌握图像修补工具、擦除工具的使用。
- 利用修复画笔工具去除脸上的皱纹，去除前后的效果分别如图 3.42（左）、图 3.42（右）所示。

图 3.42 脸部皱纹去除前、后效果图

3.3.2 实训预备

1．仿制图章工具

选择仿制图章工具后按 Alt 键，在图像上单击鼠标可以获取采样点，松开 Alt 键，即可在图像上拖动鼠标进行复制，如图 3.43 所示为仿制图章工具的选项栏。

图 3.43 仿制图章工具选项栏

"画笔"、"模式"、"不透明度"、"流量"前面都介绍过，这里就不再赘述。

- 对齐的：设置在多次绘制时，保持取样点与绘制起始点同步位移。当该选项不被选择时，则多次绘制时，绘制的起始点都是取样点。
- 用于所有图层：指所有的图层都起作用。

2．图案图章工具

选择图案图章工具后可直接将 Photoshop CS 自带的图案或定义的图案填充到图像中，还可设置填充的图案是否具有印象派效果。如图 3.44 所示为"图案图章工具"的选项栏。

图 3.44 "图案图章工具"选项栏

- 图案：下拉框中可以选择 Photoshop CS 自带的图案。

- 印象派效果：设置复制时有类似印象派艺术画的效果。

3．修复画笔工具 ✐

使用方法与仿制图章工具 ♨ 相同，可复制采样点，也可用图案来填充。

提示： "修复画笔工具"与"仿制图章工具"有些类似，但"仿制图章工具"复制时是原样照搬，而"修复画笔工具"兼顾了复制前后的图像，效果比较柔和。

4．修补工具 ◍

可以用图像中某一区域的图案来填充当前选中的区域，如图 3.45 所示为"修补工具"的选项栏。

图 3.45 "修补工具"选项栏

当"源"选项被选中时，先设置要改变内容的选区，从选区内开始拖动鼠标，在图像中寻找要复制到该选区的图像，拖动的时候可以在原先的选区中看到复制后的效果。选择"目标"选项则正好相反，设置好选区后，从选区内开始拖动鼠标，移动到图像中要复制选区图像的目标区松开鼠标，即可在目标区中看到复制后的效果。

5．颜色替换工具 ✍

选择该工具，设置好前景色后，就可在图像中需要更改颜色的地方涂抹，即可将其替换为前景色，常用于清除照片中的红眼效果，如图 3.46 所示为"颜色取样工具"的选项栏。

图 3.46 "颜色取样工具"选项栏

- 取样："连续"选项指将在涂抹过程中不断以鼠标所在位置的像素颜色作为基准色，决定被替换的范围；"一次"选项指始终以涂抹开始时的基准像素为准；"背景色板"选项指只替换与背景色相同的像素。
- 限制：选择"不连续"选项时，将替换鼠标所到之处的颜色；"邻近"指替换鼠标邻近区域的颜色；"查找边缘"方式将重点替换位于色彩区域之间的边缘部分。

该工具经常用来修正一些细小地方的颜色，比如修正照片中由于闪光灯所引起的红眼。

6．橡皮擦工具 ✐

选择该工具，在背景上拖动鼠标时将以背景色擦除图像，在普通图层上拖动鼠标时将以透明色擦除图像，选项栏如图 3.47 所示。

图 3.47 "橡皮擦工具"选项栏

- 模式：选择"画笔"、"铅笔"时与"画笔工具"类似；选择"块"时，橡皮擦呈现出方形。
- 不透明度：设定橡皮擦的不透明度，可输入数字或拉动滑块进行调节。
- 抹到历史纪录：选中时，"橡皮擦工具"具有"历史记录画笔"的功能，可擦除最近一次所做的修改效果。

7．背景橡皮擦工具

该工具可以擦除指定颜色，如图 3.48 所示为背景橡皮擦工具选项栏。

图 3.48　"背景橡皮擦工具"的选项栏

- 限制：选择"不连续"选项时，擦除图像中所有具有取样颜色的像素；"邻近"只擦除图像中具有取样颜色的像素；"查找边缘"擦除时保留图像的边缘。
- 容差：设定被擦除图像颜色与取样颜色之间的差异有多少，可输入数字或拉动滑块进行调节。
- 保护前景色：当选中时，可防止图像颜色中与前景色相同的像素被擦掉。
- 取样："连续"选项指擦除过程中自动选择所擦的颜色为取样颜色；"一次"选项指每次单击鼠标时只能设置当前鼠标处的颜色为取样颜色；"背景色板"选项指设定背景色为取样颜色。

8．魔术橡皮擦工具

该工具可擦除具有相似颜色的区域，与"魔棒工具"很相似，如图 3.49 所示为"魔术橡皮擦工具"的选项栏。

图 3.49　"魔术橡皮擦工具"选项栏

- 消除锯齿：设置擦除后的区域边缘平滑。
- 邻近：设置被擦除区域与鼠标单击时的区域相连接。

9．历史记录画笔工具

该工具可将还原图像编辑中的某个状态，要结合"历史面板"使用。

10．历史记录艺术画笔

类似历史记录画笔工具，也要结合"历史面板"使用，不同的是可以加上艺术效果。

3.3.3　实训步骤

（1）打开所提供的"人物.jpg"文件。

（2）选择"画笔修复工具" ，设置画笔直径为 10 像素，按住 Alt 键，在人物额头上单击鼠标获取采样点，在眉中心部位单击鼠标进行复制，去除人物眉中心处的皱纹。

（3）按住 Alt 键，在人物鼻子处单击鼠标获取采样点，在鼻梁横纹部位单击鼠标进行复制，去除鼻梁上的横纹，结果如图 3.50 所示。

（4）为了后面的操作可以进行撤销，在"历史纪录"面板设置"历史纪录画笔"的源，如图 3.51 所示。

图 3.50　去除眉中心处皱纹后的效果图

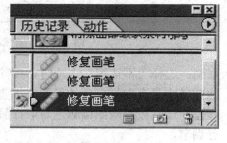

图 3.51　设置"历史纪录画笔"的源

图 3.52　部分修改后效果图

（5）继续使用"画笔修复工具"在人物脸颊处单击鼠标获取采样点，在眼角和眼睛下方部位单击鼠标进行复制，在此操作期间采样点可以多次变换，当操作过程中有多次错误操作，无法撤销时，可以将历史纪录恢复到前面设置的历史纪录画笔处。结果如图 3.52 所示。

（6）处理好眼角和眼睛下方的皱纹后，再次在"历史纪录"面板设置"历史纪录画笔"的源。嘴角的皱纹比较深，使用"画笔修复工具"时要耐心操作，如果某些操作对原图改变较大时，如图 3.53（左）所示。此时可以使用"历史纪录画笔"将设置"历史纪录画笔"源的图像进行恢复，如图 3.53（右）所示。

图 3.53　破坏原图后的效果图（左）及使用"历史纪录画笔"后效果图（右）

（7）继续使用"画笔修复工具"进行处理，处理后的效果如图 3.54 所示。

（8）下面对人物进行面部光滑处理。在"历史纪录"面板设置"历史纪录画笔"的源，执行"滤镜/模糊/高斯模糊"菜单命令，半径设置为 1.5，结果如图 3.55 所示。

图 3.54　处理后效果图　　　　　　　　　　　　图 3.55　高斯模糊后效果图

（9）使用"历史纪录画笔"，设置画笔直径为 10，在眼睛、眉毛、头发、牙齿、嘴唇、耳朵、衣服及面部边缘处进行恢复，得到最终效果。

3.4　课堂实训四：图像修饰

3.4.1　实训目的

- 掌握图像修饰工具的使用。
- 利用减淡工具和涂抹工具，绘制如图 3.56 所示的奇异效果图片。

图 3.56　奇异效果图

3.4.2　实训预备

1. 模糊工具

该工具可使图像产生模糊的效果，选项栏如图 3.57 所示。

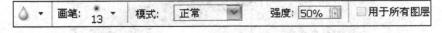

图 3.57　"模糊工具"选项栏

- 强度：设置"模糊工具"的着色力度，可输入数字或拉动滑块进行调节。

● 用于所有图层：设定模糊的对象可以是所有可见图层。

2．锐化工具△

该工具可使图像产生清晰的效果，与"模糊工具"的效果正好相反。

3．涂抹工具✍

使用该工具可模拟手指产生涂抹的效果，选项栏如图 3.58 所示。

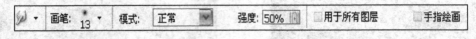

图 3.58　"涂抹工具"选项栏

● 强度：设置涂抹的力度，可输入数字或拉动滑块进行调节。
● 手指绘画：设置涂抹时采用前景色。

4．减淡工具✎

该工具可将图像中的某个区域加亮，可设置"范围"、"曝光度"、"喷枪"等参数达到不同的效果。

5．加深工具✎

该工具与"减淡工具"正好相反，它是使图像中的某个区域变暗。

6．海绵工具◯

使用该工具可将图像中的某个区域色彩饱和度改变，选项栏如图 3.59 所示。

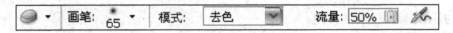

图 3.59　"海绵工具"选项栏

● 模式："去色"指减少饱和度，"加色"指增加饱和度。
● 流量：设置去色或加色的程度，可输入数字或拉动滑块进行调节。
● 喷枪：启用后则"海绵工具"具有"喷枪"效果，在一处停留时具有持续性效果。

3.4.3　实训步骤

（1）打开所提供的"河流.jpg"文件，如图 3.60 所示。

图 3.60　河流图片

（2）选择"涂抹工具"，设置画笔大小为20，模式为"正常"，强度为50%，在工作区中由河流的两岸向河流中心区域进行涂抹，将河流填埋，图片效果如图3.61所示。

（3）此时河流的蓝色痕迹还在，选择"减淡工具"，设置画笔大小为 20，范围为"中间调"，曝光度为 50%，在河流的痕迹上进行操作，将河流的痕迹变为白色。效果如图 3.62 所示。

图 3.61　河流填埋后的效果图　　　　　　图 3.62　使用"减淡工具"后的效果图

（4）继续使用"涂抹工具"在图像上操作，涂抹出白色奇异的最终效果。

习题与课外实训

1. 根据提供的素材图片，如图 3.63 所示，绘制出如图 3.64 所示的效果。

图 3.63　素材图片　　　　　　　　　图 3.64　效果图

提示：
① 使用自定义形状工具制作像框、领带、火、话语框；
② 使用画笔工具制作边絮；
③ 使用直线工具制作箭头。
2. 根据提供的素材图片，如图 3.65 所示，绘制如图 3.66 所示的效果。

图 3.65　素材图片

图 3.66　效果图

提示：使用修复画笔工具制作。

3．根据提供的素材图片，如图 3.67 所示，绘制如图 3.68 所示的效果。

提示：使用修补工具制作。

图 3.67　素材图片

图 3.68　效果图

4．利用"颜色替换工具"修复如图 3.69 所示的红眼效果。

图 3.69　素材图片

第 4 章　图层应用技术

本章概要

1. 图层的基本概念，不同类型图层的特点及应用处理；
2. 图层的创建、复制、删除、链接、合并等编辑管理操作；
3. 文本的输入、格式设置及创建变形文本；
4. 图层的不透明度、图层混合模式、图层样式在不同效果制作中的设置应用；
5. 填充图层、调整图层、图层蒙版的创建及修改设置。

4.1　图层概述

4.1.1　图层概念

图层（Layer）是 Photoshop CS 图像处理的基本功能，非常灵活、实用。我们可以把图层想象成是一张张叠起来的透明胶片，每张透明胶片上都有不同的画面，把多张胶片重叠在一起形成组合图像。每个图层都有自己的内容，可分别绘制、编辑、添加效果，不会影响其他图层；图层间也可建立联系，如链接、对齐、分布等，相互有影响。

改变图层的顺序和属性可以改变图像的合成效果，也可把所有的图层或部分图层合并成为一个图层。针对不同图层中的对象，可应用编辑命令，创作特殊效果，最终合成输出精美的平面作品。

4.1.2　图层类型

图层可以独立存在，易于修改，同时还可以控制其透明度、混合模式，产生许多特殊效果。在 Photoshop CS 中，图层的种类很多，了解不同类型图层的功能及特点，有助于正确地处理图像。

根据图层的可编辑性不同，图层可分为两类：背景图层和普通图层。

根据图层的功能不同，图层可分为文字图层、形状图层、填充图层、调整图层、蒙版图层等五类。

1. 背景图层

该图层是不透明的，始终位于图层的最底层，无法改变背景图层的排列顺序，也不能修改它的不透明度或混合模式。

每次新建 Photoshop CS 文件时会自动建立一个背景图层，但如果按照透明背景方式建立新文件，图像就没有背景图层，最下面的图层不会受到功能上的限制。因此，并非所有的图像都有背景图层，可以将背景图层转换成普通图层：在图层面板中双击背景图层，打开"新图层"对话框，如图 4.1 所示，根据需要设置图层选项，如图层名，背景图层就可转换为普通图层。

图 4.1 "新图层"对话框

2．普通图层

该图层在图像处理过程中使用得最多，是用一般方法建立的图层。这种图层是透明的，可以执行 Photoshop CS 中所有的命令及编辑功能，可以在其上面任意创建、编辑图像。

3．文字图层

文字图层是使用文字工具单击创建的图层，用于输入和编辑文本，而不是图形。文字图层是一种比较特殊的图层，在该层上，Photoshop CS 许多命令、工具及所有的滤镜都不能使用，如要使用这些功能，则必须先将文字图层进行栅格化转换为普通图层。

4．形状图层

形状图层是使用形状工具绘制矢量形状图形时创建的图层，是带图层剪贴路径的填充图层，其中填充图层定义形状的颜色，而图层剪贴路径定义形状的几何轮廓。形状图层不能执行 Photoshop CS 中很多功能，也必须进行栅格化转换为普通图层才可应用。

5．填充图层

使用填充图层填充选区可轻松更改图层效果，可以使用颜色、图案、渐变效果叠加等。

6．调整图层

一种比较特殊的图层，主要用来控制图层的色调及色彩的调整。调整图层上放的不是图像，而是图像的色调和色彩的设定，包括色阶、色彩均衡等调节的结果。Photoshop CS 将这些信息存放在单独的图层中，可在调整图层中进行调整，而不会永久性地改变原始图像。

7．蒙版图层

蒙版图层是单击 按钮创建的图层，用于制作蒙版以编辑图像。

8．图层组

图层组（简称组）可以帮助组织和管理图层，还可以使用组将属性和蒙版同时应用到多个图层。可以使用组按逻辑顺序排列图层，使图层面板中的图层整洁有序。组与图层就类似文件夹与文件的关系。

提示： 在现有图层组中无法创建新图层组。

4.1.3 图层面板

对图层可以进行许多操作，如创建、隐藏、显示、移动、复制、删除、调整次序、链接、合并、排列及设置图层效果等，图层功能的实现要使用"图层面板"及"图层"菜单。

图层面板如图 4.2 所示，具体的功能将在下面的应用中介绍。

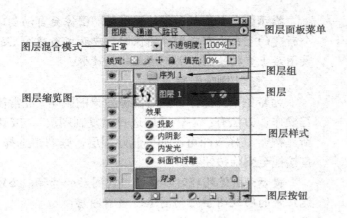

图 4.2　图层面板

提示：关闭缩览图可以提高性能和节省显示空间。

4.2　课堂实训一：奥运五环

4.2.1　实训目的

- 掌握图层与图层组的创建、复制操作。
- 利用选区的创建、填充、变换等操作制作圆环，利用复制图层、调整色相/饱和度得到 5 个不同颜色的圆环，结合链接图层、上下图层相交选区的选取等操作，制作如图 4.3 所示的奥运五环效果。

图 4.3　奥运五环效果图

4.2.2　实训预备

1．创建图层/图层组

单击图层面板的"创建新的图层"按钮 ，或执行"图层/新建/图层"菜单命令均可在当前图层上方创建一个新的图层，名称默认为"图层 1"、"图层 2"。为图层起一个形象的名称有利于查找和管理图层；双击图层名称即可实施改名操作。

同样，单击 按钮或选择菜单，可创建图层组，名称默认为"序列 1"、"序列 2"。

图 4.4　选择当前图层

提示： 每当复制和粘贴图像时，图像会自动创建新图层；当在一个新建的空白画布中制作图像时，应养成新建图层的习惯，避免在背景图层上直接绘制造成无法编辑的遗憾。

2．复制/删除图层

为避免某些操作可能对图像效果的影响，经常需要复制图层后进行操作，方法有：右击图层选择"复制图层"，或直接将该图层拖至新建按钮 释放即可。如要删除图层，则右击选择"删除图层"，可直接拖至删除按钮 。

提示： 图像处理时要注意当前图层的选择，必须选为当前图层才能正常的修改图层上的图像，当前图层以蓝底显示，如图 4.4 所示。

3．显示/隐藏图层

单击图层旁边的眼睛图标 ，可以显示或隐藏该图层，便于图像的处理，减少显示干扰和保护这些图层。如果按 Alt 键单击 ，则隐藏其他所有图层，只显示该图层内容，按 Alt 键再次单击 ，则显示所有内容。

提示： 只有可见图层才可被打印，所以如果对当前图像进行打印，必须保证其处于显示状态。

4．链接图层

将多个图层进行链接，便于同时对图像执行移动、变形、对齐或分布等操作。

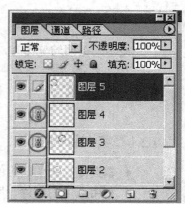

图 4.5　链接图层

（1）选择当前图层，设置链接标志，如图 4.5 所示，链接了 3 个图层。

（2）执行"图层/对齐链接图层/顶边"菜单命令，结果如图 4.6（b）所示，再执行"图层/分布链接图层/水平居中"菜单命令，结果如图 4.6（c）所示。

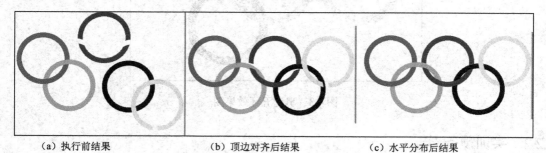

（a）执行前结果　　　　　（b）顶边对齐后结果　　　　　（c）水平分布后结果

图 4.6　链接操作前后结果

5．合并图层

在图像处理时为避免相互的影响，常在不同图层上进行编辑，如果修改完成的图像已确定，则最好将图层进行合并，以减少文件所占用的空间，提高操作速度，还便于图像管理。但合并后的图像要再进行编辑就很困难了。合并后的图层中，所有透明区域的交迭部分都会保持透明。

图层合并主要通过"图层面板"或"图层"菜单完成，有以下几种方式：

（1）向下合并：将当前图层与其下方的图层合并。

（2）合并可见图层：将当前所有可见图层合并，隐藏图层则排列在合并图层的上方（隐藏背景图层则例外）。

（3）拼合图层：将当前所有可见图层合并，而把隐藏图层删除，这时会弹出提示对话框。

（4）合并链接图层：当图像中有链接图层时，该命令将替换"向下合并"，可将当前所有链接图层合并成一个图层。

6．锁定图层

如果隐藏图层是为了在修改的时候保护这些图层不被更改的话，锁定图层则是最彻底的保护办法。选中要锁定的图层，单击图层面板的 <img> 图标，图层右边会出现锁图标，这个图标就锁定了，如图 4.7 所示。当图层完全锁定时锁图标是实心的，当图层部分锁定时，锁图标是空心的。

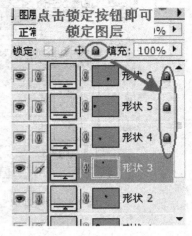

图 4.7　锁定图层

4.2.3　实训步骤

图 4.8　绘制正圆

1．绘制圆环

（1）新建图像文件，新建图组层，命名为"上排"。

（2）在图层组"上排"上新建"图层 1"，并改名为"红"，选择椭圆工具，按 Shift 键绘制正圆，填充红色。

（3）按 Ctrl 键单击图层载入选区，执行"选择/变换选区"菜单命令，按"Shift+Alt"组合键等比例收缩，删除其中内容，得到如图 4.8 所示的圆环效果。

（4）复制图层"红"，执行"图像/调整/色相/饱和度"菜单命令，调整圆环的颜色为蓝色。

（5）用同样的方法复制 3 个圆环，分别调整为黄色、黑色、绿色，并将图层改名。

（6）创建图层组"下排"，将黑色、绿色圆环所在图层拖入该组，此时图层面板如图 4.9 所示。

2．对齐圆环

（1）调整"上排"3 个圆环的相对位置，分别执行"对齐链接图层"和"分布链接图层"，使 3 个圆环水平对齐、均匀分布。

（2）调整"下排"2 个圆环的位置，使其与"上排"圆环实现套接，执行"对齐链接图层"，得到如图 4.10 所示的结果。

3．制作套环效果

（1）按 Ctrl 键单击"红"图层，载入选区。

（2）按"Ctrl+Shift+Alt"组合键，单击"绿"图层，得到如图 4.11 所示的相交选区。

（3）选择矩形工具，按 Alt 键框选其中一块选区。

（4）确保当前图层是"红"，按 Del 键删除选区内容。

图4.9　图层面板

图4.10　圆环效果图

图4.11　上下图层的相交选区

提示：此时删除的内容边界有一红色痕迹，如图 4.12（左）所示，可先执行"选择/修改/扩展（1 像素）"，再删除，可得到如图 4.12（右）所示效果。

图4.12　删除选区内容效果比较

（5）采用同样的方法，分别处理圆环两两之间的套环效果，得到最终图像。

4.3　课堂实训二：创作书信效果

4.3.1　实训目的

- 掌握点文字与段落文字的输入及格式设置。
- 利用图层创建、通道选区的载入、图层样式的设置、背景图层的转换，以及图案定义、图案叠加、图层不透明度设置等操作，并配合魔棒工具、画笔工具的使用，绘制书信的优美背景；利用文字工具输入文字，并设置格式，最终设计制作如图 4.13 所示的书信效果。

图 4.13　书信效果图

4.3.2　实训预备

1．创建文字图层

在 Photoshop CS 中，可在图像的任何位置创建横排文字或竖排文字。

根据使用文字工具的不同方法，可以输入点文字或段落文字。点文字对于输入一个或一行字符很有用，段落文字对于以一个或多个段落的形式输入文字并设置格式非常有用。

选择文字工具 T，单击图像即可输入点文字，图层面板会自动添加一个新的文字图层。如按下左键在图像中拖动，则创建一个定界框窗口，单击可输入段落文字，图层面板也会自动添加一个新的文字图层。

在 Photoshop CS 中，还可以按文字的形状创建选框。

提示： 在 Photoshop CS 中，因为"多通道"、"位图"或"索引颜色"模式不支持图层，所以不会为这些模式中的图像创建文字图层。在这些图像模式中，文字显示在背景图层上。

2．文字工具 T

选择文字工具在图像中单击，可将文字工具置于编辑模式。若要确定文字工具是否处于编辑模式，可查看选项栏，如果显示有"取消"按钮 ⊘ 和"提交"按钮 ✓，则表明文字工具处于编辑模式。

提示： 如要对已输入的点文字或段落文字进行修改，必须使文字工具处于编辑模式，并选中相应的文字。

3．设置格式

段落是末尾带有回车符的任何范围的文字。

单击文字工具选项栏的"切换字符和段落调板"按钮 ▯，可打开如图 4.14 与 4.15 所示的设置窗口。文字可以设置字体、大小、字符间距、行距、颜色等，段落可以设置对齐、缩进和文字行间距等。对于点文字，每行即是一个单独的段落。对于段落文字，一段可有多行，具体视定界框的尺寸而定，并可调整定界框的大小。

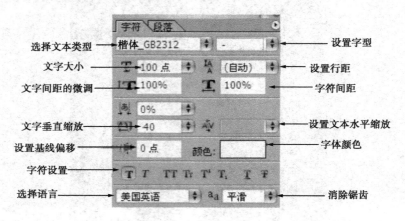

图 4.14　字符格式设置

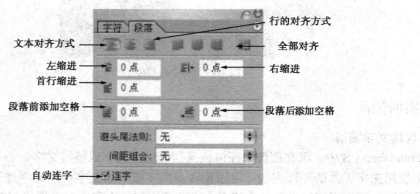

图 4.15　段落格式设置

4．创建变形文字

创建各种变形文字有助于增加图像的美感，下面以实例说明。

（1）新建文件，输入文字。

（2）选择文字工具选项栏的"创建变形文字"按钮 ，弹出"变形文字"对话框，选择样式中的"扇形"，设置如图 4.16 所示。

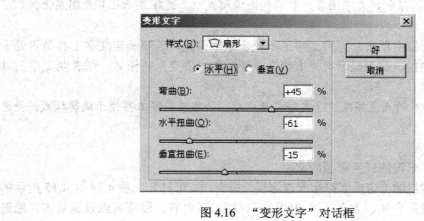

图 4.16　"变形文字"对话框

（3）设置变形的文字前后结果分别如图4.17（左）、图4.17（右）所示。

图4.17　文字变形前（左）与变形后（右）结果

4.3.3　实训步骤

1．定义图案

（1）新建一个宽度为16厘米，高度为20厘米，分辨率为200dpi、RGB模式的文件。

（2）选择单行选框工具，创建选区。

（3）设置前景色为淡蓝色，填充选区。

（4）创建选区如图4.18所示，执行"编辑/定义图案"菜单命令，输入图案名，以备后用。

2．制作背景

（1）单击历史记录面板，返回新建第1步。

（2）新建"图层1"，填充前景色（R：245、G：145、B：85）。

图4.18　定义图案

（3）切换到通道面板，新建"Alpha 1"通道。

（4）选择画笔工具，打开画笔面板，选择"画笔笔尖形状"选项，选择"枫叶"形状；再选择"动态形状"，设置如图4.19（左）所示；最后选择"散布"，设置如图4.19（右）所示。

图4.19　画笔选项设置

（5）用画笔工具沿图像窗口边缘拖动，在Alpha通道中绘制如图4.20所示的图案。

（6）执行"图像/调整/色阶"菜单命令，打开"色阶"对话框，设置如图4.21所示，增加图像的对比度。

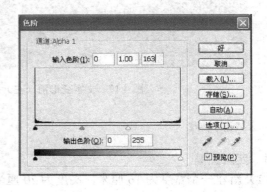

图 4.20　画笔效果图　　　　　　　　　　　　　　图 4.21　"色阶"对话框

（7）按 Ctrl 键，单击 Alpha 1 通道，载入选区，切换到图层面板，如图 4.22 所示。

（8）反选选区，删除选区内容，按"Ctrl+D"组合键取消选区，结果如图 4.23 所示。

图 4.22　载入通道选区　　　　　　　　　　　　图 4.23　背景效果图

（9）单击图层面板的 按钮，添加"斜面和浮雕"样式，设置参数如图 4.24 所示。

（10）双击"背景"图层，弹出"新建图层"对话框，单击确定按钮，将背景图层转换为普通图层"图层 0"。

（11）为"图层 0"添加"图案叠加"图层样式，选择前面定义的图案，设置参数如图 4.25 所示。

（12）打开"人物 1"素材图片，选择移动工具将人物拖拽到"图层 1"和"图层 0"之间，图像自动创建"图层 2"，调整拖入图片的大小。

（13）调整"图层 2"的不透明度为 25%，结果如图 4.26 所示。

（14）打开"人物 2"素材图片，选择魔棒工具，设置容差值为 50，单击背景，再按 Shift 键多次单击背景处，增加选区，确保选中全部背景，再执行"反选"，得到如图 4.27 所示的选区。

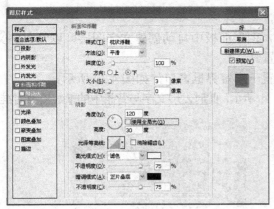

图 4.24　"斜面与浮雕"对话框　　　　图 4.25　"图案叠加"对话框

图 4.26　设置透明度后效果图

图 4.27　创建选区

（15）将选区内容拖入前面制作的背景中，调整大小与位置，结果如图 4.28 所示。

（16）在"图层 1"上新建"图层 4"，选择画笔工具，设置不同的颜色及画笔笔尖形状，得到如图 4.29 所示的背景效果。

图 4.28　拖入图片后效果图

图 4.29　背景效果图

3. 添加文字

（1）选择文字工具，输入"亲爱的 XX："，图层面板中自动创建文字图层，以输入的文字命名，设置字体、字号及颜色，拖至合适位置。

（2）选择文字工具，在图像窗口中拖动设置一个定界框窗口，如图 4.30 所示。

（3）单击定界框窗口，输入文字内容，如图 4.31 所示，此时发现文字与背景中的横线没有对准。

图 4.30　添加段落文字框后效果图

图 4.31　输入段落文字内容

提示：在输入段落文字的过程中，可随时拖动定界框四周的小方块调整大小。

（4）单击文字工具选项栏的□，设置文字的字符格式及段落格式，注意设置字符格式时需选中相应的文字，得到最终的书信效果。

4.4　课堂实训三：绘制珍珠项链

4.4.1　实训目的

● 掌握图层样式的设置与添加。

● 利用添加投影、内发光、斜面和浮雕、光泽、颜色叠加等图层样式，绘制珍珠效果，结合路径绘制及描边，设计制作如图 4.32 所示的珍珠项链效果。

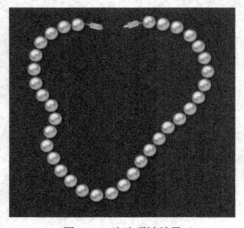

图 4.32　珍珠项链效果

4.4.2 实训预备

1. 图层的不透明度

图层的不透明度决定它显示自身图像的程度：不透明度为 0 的图层是透明的，而透明度为 100%的图层则完全不透明（这里注意不要弄反了），可在图层面板中"不透明度"选项中设置图层的不透明度，如图 4.33 所示。

提示：背景图层或锁定图层的不透明度是无法更改的。

图层除可设置不透明度以外，还可为图层指定"填充不透明度"。"填充不透明度"影响图层中绘制的像素或图层上绘制的形状，但不影响已应用于图层效果的不透明度。填充方法是在图层面板的"填充不透明度"文本框中输入数值，如图 4.33 所示。

2. 图层混合模式

使用 Photoshop CS 丰富的图层混合模式可以创建各种特殊效果，使用时只要选中要添加混合模式的图层，然后在如图 4.34 所示的"混合模式"菜单中找到所要的效果即可。

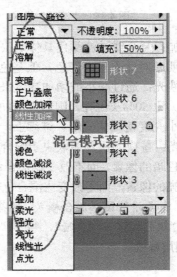

图 4.33　图层不透明度设置　　　　　图 4.34　图层混合模式

各混合模式可控制图像中像素的色调和光线，应用之前应从颜色应用角度来考虑：基色，是图像中的原稿颜色；混合色，是通过绘画或编辑工具应用的颜色；结果色，是混合后得到的颜色。下面简单介绍各菜单项：

- 正常：编辑或绘制每个像素使其成为结果色（默认模式）。
- 溶解：根据像素位置的不透明度，结果色由基色或混合色的像素随机替换，不透明度不同的效果对比如图 4.35 所示。
- 变暗：查看每个通道中的颜色信息选择基色或混合色中较暗的作为结果色，其中比混合色亮的像素被替换（如图 4.36 所示的黄色大脚图像），比混合色暗的像素保持不变。
- 颜色减淡：查看每个通道中的颜色信息，并通过减小对比度使基色变亮以反映混合色，与黑色混合则不发生变化。
- 线性减淡：查看每个通道中的颜色信息，并通过增加亮度使基色变亮以反映混合色，与黑色混合则不发生变化。

图 4.35 "溶解"模式　　　　　　　图 4.36 "变暗"模式

- 叠加：复合或过滤颜色具体取决于基色。图案或颜色在现有像素上叠加同时保留基色的明暗对比不替换基色，但基色与混合色相混以反映原色的亮度或暗度。
- 线性光：通过减小或增加亮度来加深或减淡颜色具体取决于混合色。如果混合色（光源）比 50%灰色亮，则通过增加亮度使图像变亮；如果混合色比 50%灰色暗，则通过减小亮度使图像变暗。继续上一个实例看看使用线性光之后的混合效果。
- 点光：替换颜色具体取决于混合色。如果混合色（光源）比 50%灰色亮，则替换比混合色暗的像素，而不改变比混合色亮的像素；如果混合色比 50%灰色暗，则替换比混合色亮的像素，而不改变比混合色暗的像素。这对于向图像添加特殊效果非常有用。

提示：如要清除图层混合模式，选择"正常"默认选项即可。另外，Lab 图像无法使用"颜色减淡"、"颜色加深"、"变暗"、"变亮"、"差值"和"排除"等模式。

3. 图层样式

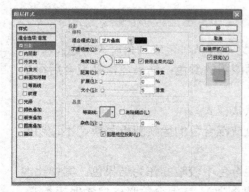

图 4.37 "图层样式"对话框

图层样式可快速应用各种效果，也可查看各种预定义的图层样式，还可通过对图层应用多种效果创建自定样式。选中当前图层，单击图层面板的铵钮⊘，即会弹出"图层样式"对话框，如图 4.37 所示。图层选择应用样式后，图层面板中图层名称的右边会出现⊘图标。

提示：对背景、锁定的图层或图层组不能应用图层效果和样式。

下面简单介绍几种图层样式，具体的可在案例实练中应用体会。

- 投影：添加投影效果后，图层的下方会出现一个轮廓和层的内容相同的"影子"，这个影子有一定的偏移量，可设置角度、距离、大小等。
- 内阴影：添加了"内阴影"的图层上方好像多出了一个透明的层（黑色），一般内阴影混合模式是正片叠底，不透明度 75%。

- 外发光：添加了"外发光"效果的图层好像下面多出了一个图层，这个假想层的填充范围比上面的略大，默认混合模式为"滤色"，默认透明度为 75%，从而产生图层的外侧边缘"发光"的效果。由于默认混合模式是"滤色"，因此如果背景层被设置为白色，那么不论你如何调整外侧发光的设置，效果都无法显示出来。要想在白色背景上看到外侧发光效果，必须将混合模式设置为"滤色"以外的其他值。
- 内发光：添加了"内发光"样式的图层上方会多出一个"虚拟"的图层，这个图层由半透明的颜色填充，沿着下面层的边缘分布。内发光效果在现实中并不多见，但是我们可以将其想象为一个内侧边缘安装有照明设备的隧道的截面，也可以理解为一个玻璃棒的横断面，这个玻璃棒外围有一圈光源。
- 斜面和浮雕：斜面和浮雕可以说是 Photoshop CS 层样式中最复杂的，其中包括内斜面、外斜面、浮雕、枕形浮雕和描边浮雕，虽然每一项包涵的设置选项都一样，但制作出来的效果却大相径庭。
- 光泽：光泽有时也译做"绸缎"，用来在层的上方添加一个波浪形效果。它的选项虽然不多，但是很难准确把握，有时候设置值微小的差别都会使效果产生很大的区别。我们可以将光泽效果理解为光线照射下的反光度比较高的波浪形表面（比如水面）显示出来的效果。光泽效果之所以容易让人琢磨不透，主要是其效果会和图层的内容直接相关，即图层的轮廓不同，添加光泽样式之后产生的效果完全不同（即便参数完全一样）。
- 颜色叠加：这是一个很简单的样式，作用实际相当于为层着色，也可以认为这个样式在层的上方加了一个混合模式为"普通"、不透明度为 100%的"虚拟"层。

提示： 添加了样式后的颜色是图层原有颜色和"虚拟"层颜色的混合。

- 描边：描边样式很直观简单，就是沿着层中非透明部分的边缘描边，这在实际应用中很常见。

图层样式可以复制、粘贴、取消。选择要复制样式的图层，右击图层选择"复制图层样式"命令，再右击目标图层，选择"粘贴图层样式"命令，即可完成图层样式的粘贴操作。若要粘贴到多个图层，可先链接目标图层，再进行粘贴，粘贴的图层样式将替换目标图层上的现有图层样式。取消图层样式可将图层面板中的图层样式效果拖到"删除图层"按钮；或者执行"图层/图层样式/清除图层样式"菜单命令；或者右击图层，选择"清除图层样式"命令。

4.4.3 实训步骤

1. 绘制珍珠

（1）新建图像文件，给背景图层填充蓝色。

（2）执行"滤镜/杂色/添加杂色"滤镜效果，得到如图 4.38 所示的效果。

（3）新建"图层 1"，选择椭圆工具，设置样式为"固定长宽比"，大小为 24×24，单击"图层 1"创建一正圆选区，填充灰白色，取消选择。

（4）双击"图层 1"，弹出"图层样式"对话框。首先添加"投影"样式，将距离设置为 3 像素，大小为 6 像素，其他保持默认不变，如图 4.39 所示。

（5）再设置"内发光"样式，这是为了强调圆形的边缘，如图 4.40 所示，光源色改为黑色。

（6）继续设置"斜面和浮雕"样式，如图 4.41（左）所示，阴影面板中"光泽等高线"选择"起伏斜面—下降"模式，再单击，设置如图 4.41（右）所示。注意：本例中，这是最关键的一步，珍珠的形态绝大多数由它来表现。

图 4.38　添加杂色后背景

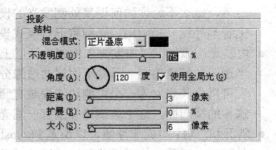

图 4.39　"投影"图层样式

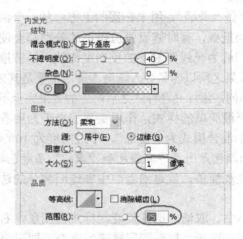

图 4.40　"内发光"图层样式

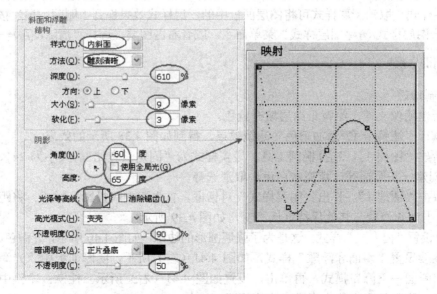

图 4.41　"斜面和浮雕"图层样式

（7）单击等高线面板，如图 4.42 所示，单击图中的等高线，弹出等高线编辑器，将等高线曲线设为和图中相似的形状。

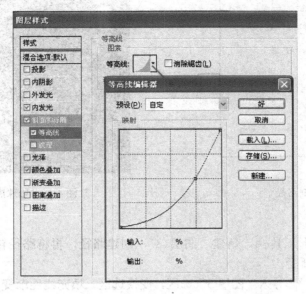

图 4.42　等高线设置

（8）等高线的作用非常明显，它赋予珍珠强烈的反光作用，同时，珍珠的圆润也被很好地表现出来，如图 4.43 所示。

至此一颗浅色珍珠制作完成，晶莹而柔和，具有金属光泽，但仍不失柔和色泽，继续设置"颜色叠加"样式消除过重的色彩。选择"颜色叠加"图层样式，设置如图 4.44 所示。

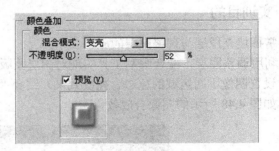

图 4.43　珍珠　　　　　　　　　图 4.44　"颜色叠加"图层样式

2．珍珠成串

（1）在背景图层上方新建"图层 2"，选择钢笔工具 ，选项栏中选择"路径"按钮 ，绘制路径，并利用锚点调整为如图 4.45 所示（具体的路径绘制可参照 5.1 节中内容）。

（2）选择画笔工具，设置宽为 3 像素，选择前景色为淡灰色。

（3）单击路径面板，单击"用画笔描边路径"按钮 ，为路径描边。

（4）复制"图层 1"的样式，粘贴到"图层 2"，双击"图层 2"上的 图标，打开"图层样式"对话框，去掉"阴影"图层样式的勾选。

（5）多次复制"图层 1"，选择移动工具将珍珠依次排列于线上，得到如图 4.46 所示的效果。

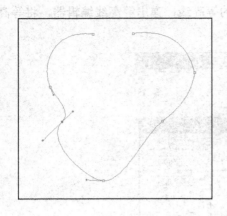

图 4.45　绘制路径

图 4.46　珍珠成串效果图

3．绘制项链接头

（1）选择圆角矩形工具 □，新建"图层 3"，创建路径，再将路径转换为选区，填充线性渐变。

（2）新建"图层 4"，导入"图层 3"选区，变换选区，填充线性渐变，并设置"斜面与浮雕"图层格式，得到如图 4.47 所示结果。

图 4.47　接头效果图

同样的方法绘制另一接头，得到最终效果。

4.5　课堂实训四：应用图层特效

4.5.1　实训目的

- 掌握填充图层与调整图层的应用。
- 利用调整图层，配合画笔工具实现对图层蒙版的修改，实现两张图片的无缝拼合，并设置图像不同区域的色彩、亮度效果，结合"模糊"滤镜及文字工具，设计制作完成如图 4.48 所示的图像合成效果。

图 4.48　图像合成效果图

4.5.2 实训预备

1. 创建填充图层与调整图层

调整图层、填充图层与图像图层有着相同的不透明度、混合模式选项，并可像图像图层那样重排、删除、隐藏和复制。默认情况下，调整图层和填充图层有图层蒙版，由图层缩览图左边的蒙版图标表示。如果在创建调整图层或填充图层时路径处于使用状态，则创建的是矢量蒙版而不是图层蒙版。

创建调整图层或填充图层，可单击图层面板的"创建新的填充或调整图层"按钮 ⊘，或执行"图层"菜单命令，并选取要创建的图层类型。

2. 图层蒙版

有关图层蒙版的内容参阅第 7 章内容，在此不再赘述。

4.5.3 实训步骤

（1）打开"风景 1"和"风景 2"图片素材，调整图片到合适的大小，如图 4.49 所示。

图 4.49　图片素材

（2）把"风景 2"拖入"风景 1"中，给"风景 2"素材添加蒙版，选择画笔工具，并且使前景色为黑色，在蒙版上涂抹得到如图 4.50 所示的效果。

图 4.50　添加蒙版后效果图

（3）新建一个"曲线"调整图层，曲线参数调整如图 4.51 所示。

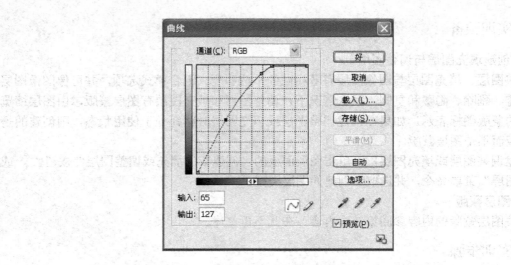

图 4.51 曲线调整

（4）选择画笔工具，在蒙版上涂抹仅使图中的水部分加亮，结果如图 4.52 所示。

图 4.52 修改调整图层后效果图

（5）新建一个"色相/饱和度"调整图层，类似上面的步骤，需用画笔工具做适当的修改，将草地部分增加亮度，如图 4.53 所示。

图 4.53 添加"色相/饱和度"调整图层

（6）新建一个"色彩平衡"调整图层，调整山和地面的颜色，同样需用画笔工具修改，如图 4.54 所示。

图 4.54 添加"色彩平衡"调整图层

（7）新建一个"色阶"调整图层，如图 4.55 所示，提高整体亮度，增加饱和度，并用画笔工具适当修改蒙版。

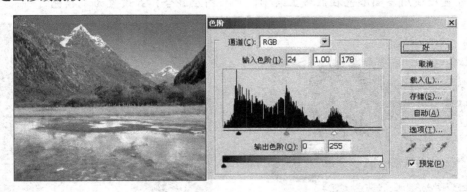

图 4.55 添加"色阶"调整图层

（8）此时所有的调整图层如图 4.56 所示。合并所有图层，设置"高斯模糊"滤镜，得到如图 4.57 所示的效果。

图 4.56 图层面板

图 4.57 高斯模糊后效果图

（9）最后为图层添加文字，合并图层，得到最终的效果。

习题与课外实训

1. 创建不同的图层，配合画笔、魔棒工具等，制作如图 4.58 所示的大头贴效果。

提示：

① 背景使用矩形工具创建选区，并填充不同颜色，注意需在不同图层，对齐可借助参考线；

② 照片的边框采用不同画笔工具绘制；

③ 选取对象配合魔棒工具的使用。

2. 利用调整图层、填充图层，实现黑白照片的上色操作，结果如图 4.59 所示。

提示：

① 先将图片转换为 CMYK 格式，设置皮肤的最接近颜色：M20，Y30；

② 设置调整图层，配合画笔工具实现不同部分的上色操作；

③ 可直接使用不同颜色在区域上绘制，再将图层混合模式设置为“颜色”。

图 4.58　大头贴效果图

图 4.59　照片上色效果图

3. 利用图层样式及图层的叠加，制作如图 4.60 所示的按钮效果。

提示：

① 使用 Shift 键配合椭圆工具绘制正圆；

② 设置“投影”图层样式；

③ 按钮上的亮光效果：椭圆相交得到半月形选区，填充白色，设置模糊效果。上下各一个半月形效果叠加。

4. 利用图层蒙版，配合画笔工具的修改，将如图 4.61 所示的素材图片合成为如图 4.62 所示的水晶魔球效果。

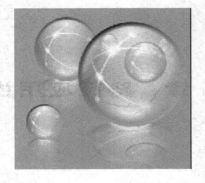

图 4.60　按钮效果图　　　　　　　　　　　图 4.61　素材图片

提示:

① 将人物图像添加图层蒙版;

② 利用画笔工具修改蒙版,可设置不同的流量值使用。

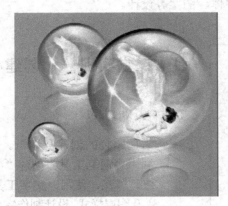

图 4.62　水晶魔球效果图

第 5 章 路径应用技术

本章概要

1. 路径的基本概念与功能；
2. 钢笔工具组、形状工具组、路径面板的功能与使用；
3. 路径的定义、锚点的增删、路径的编辑与存储；
4. 路径文字的输入与设置；
5. 路径与图层的关系、路径与选区的相互转换、路径的填充与描边；
6. 利用路径进行各种字体、图案等设计。

图 5.1 心形实例

5.1 课堂实训一：创建心形图案

5.1.1 实训目的

- 掌握路径的创建及编辑。
- 利用"钢笔工具"创建"心形"路径，并进行路径描边、填充，使用"文字工具"输入文字，添加径向渐变及图层样式，设计制作完成如图 5.1 所示的心形实例。

5.1.2 实训预备

1. 路径的概念与功能

Photoshop CS 处理的位图放大后将呈现马赛克效果。为弥补这一缺陷，Photoshop CS 开发了制作矢量图形的功能——路径工具，用于绘制矢量形状和线条。矢量图形由路径和点组成，因此，"路径"是 Photoshop CS 中使用路径工具绘制的线条、矢量图形轮廓和形状的统称，由结点（锚点）、控制手柄和两点之间的连线组成，如图 5.2 所示，是组成矢量图形的基本要素。

路径是由线条连接而成的，组成路径的线条由两个结点（锚点）和两个控制手柄构成，通过控制结点（锚点）和手柄便能控制曲线的形状。路径没有颜色，因此路径只能显示而不能被打印。路径分为封闭式路径和开放式路径两种，如图 5.2 所示。

路径具有创建选区、绘制图形、编辑选区、剪贴的功能。利用这些功能，可制作任意形状的路径，再转换成选区，实现对图像更多精确的编辑和操作；可建立路径后进行描边或填充，制作任意形状的矢量图形；还可将创建的选区转换为路径，利用路径的编辑功能精确修改选区；也可利用路径的剪贴功能，在将 Photoshop CS 中制作的图像插入到其他图像软件或排版软件时，使路径之外的图像背景透明，粘入路径之内的图像。路径与通道相比，有着更精确更光滑的特点。

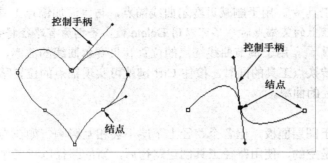

图 5.2   封闭式（左）、开放式（路径）

2. 路径工具

路径工具主要由钢笔工具组、形状工具组及选取工具组构成。本节将先介绍钢笔工具组，形状工具组在 5.3.2 节中介绍。

钢笔工具组是矢量绘图工具，可绘制由多个点连接而成的线段或平滑曲线，在缩放或者变形之后仍能保持平滑效果。钢笔工具组共包括钢笔工具、自由钢笔工具、添加锚点工具、删除锚点工具、转换点工具 5 种，如图 5.3 所示。

选择钢笔工具后的选项栏如图 5.4 所示，注意选择"路径"才能正确绘制，否则绘制的是一形状图层，右侧红圈处是形状工具组的选项。

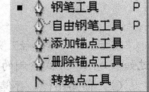

图 5.3   钢笔工具组

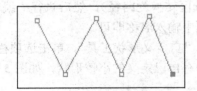

图 5.4   钢笔工具选项栏

（1）钢笔工具。钢笔工具是最常用的路径定义工具，一般手工定义锚点均使用此工具。选择，直接在图像中根据需要单击左键即可定义锚点，每单击一次生成一个贝赛尔曲线的锚点；如果产生锚点拖动行为则同时调节曲线的曲率。如图 5.5（左）所示为连续单击左键建立的直线路径，右图是通过逐个锚点拖动形成的曲线路径。

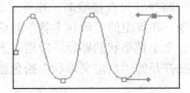

图 5.5   "直线路径"（左）与"曲线路径"（右）

提示：路径并不完全等同于选择区域，用户可定义闭合路径，也可定义未闭合路径；同时，路径也可以具有相交的特性。当用户的鼠标光标位于起始锚点时，鼠标光标"钢笔"的右下方将显示出一个小"O"，表示可进行路径闭合。

（2）自由钢笔工具。该工具用于随意绘制路径，使用方法类似于"套索工具"，使用时只需在图像上创建一个初始点后即可随意拖动鼠标进行徒手绘制路径。

（3）添加锚点工具。该工具用于根据实际需要增加贝赛尔曲线锚点。当对选定的路径需要添加锚点时，将光标移动到路径附近将会出现图标，单击鼠标即可添加上锚点，便于控制曲线的曲率。

（4）删除锚点工具 。用于删减贝赛尔曲线锚点，与"添加锚点工具"刚好相反。

提示： 删除路径上的某锚点时，不可以用 Delete 键，否则原有路径将会断开。

（5）转换点工具 。用于调节曲线锚点的位置和贝赛尔曲线的曲率，如果想调整某一锚点的位置，在使用转换点工具的同时，按住 Ctrl 键就可实现锚点的位置移动，在锚点上拖动鼠标就可以调节路径的曲率。

3．路径面板

路径面板类似于图层面板，但各个路径上下层不会相互影响。如在当前图像中没有任何路径，则路径面板是空的，使用路径工具创建路径后，新的路径以"工作路径"为名出现在路径面板中，如图 5.6 所示，面板下方的按钮分别实现路径填充、描边、转换为选区、选区作为路径载入及新建、删除路径操作。

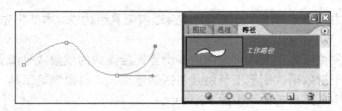

图 5.6　路径（左）与"路径面板"（右）

提示： "工作路径"是临时的，必须经"存储路径"变为永久路径，方便以后的使用。不过如果是以 方式绘制的，则不必担心会消失（尽管不属于永久路径）。

（1）存储路径。存储方法有两种：直接将现有的路径拖动到底部的"创建新路径" 上，自动保存为"路径 1"；选中要存储的路径，单击路径面板右上角的 按钮，在弹出的菜单中选择"存储路径"，输入路径名（默认为"路径 1"）即完成存储。

（2）取消路径选择。在图像编辑中经常需要取消路径的选择，可在路径面板中单击路径名称之外，如果当前使用的是路径类工具，按 Enter 键也可取消当前路径选择。

4．路径定义

可以将建立的路径定义为形状，这样今后再用到此形状时就没必要再建立新的路径。

首先建立一路径（可直接绘制，也可通过选区转换为路径），然后执行"编辑/定义自定形状"菜单命令，在弹出的"形状名称"对话框中输入名称即可。

如定义了一个小鸭形状的路径，应用时选择"自定义形状工具"，单击选项栏"形状"右侧的小三角，在打开的"自定义形状"拾色器即有自己定义的小鸭形状，如图 5.7 所示。

图 5.7　"自定义形状"拾色器

5．路径文字

"路径文字"是 Photoshop CS 新增的一项非常实用的功能，简单地说就是文字可以沿着建立的路径排列。具体步骤如下：

- 首先使用钢笔工具绘制一条路径（闭合或开放）。
- 然后选用文字工具将光标放到路径上，当出现 图标时单击左键，在路径上会产生闪动的光标线。
- 输入文字，文字将按照路径的走向排列，如图 5.8 所示。

路径文字的起点用×表示，终点用〇表示。使用"路径选择工具" 和"直接选择工具" 移动文字的起点和终点，可以改变路径文字的排列。

提示： 若要选择整条路径，可使用"路径选择工具" ；若要选择路径段，则使用"直接选择工具" 。

另外，文字除了可沿着路径排列以外，还可将文字放置到封闭的路径之内，如图 5.9 所示。

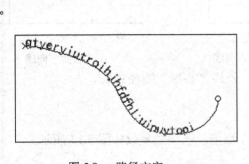

图 5.8　路径文字

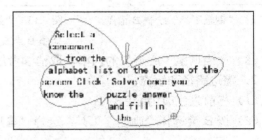

图 5.9　路径内放置文字效果图

提示： 文字路径是无法在路径面板删除的，除非在图层面板中删除这个文字层。

5.1.3　实训步骤

1．绘制"心形"路径

（1）新建文件，大小为 200×200 像素，分辨率设置为 72 像素/英寸。

（2）按"Ctrl+R"组合键将标尺打开，从左侧标尺向画面中央拉一垂直参考线，如图 5.10 所示。（参考线的作用是确定"心形"上下两尖点的位置。）

（3）选择"钢笔工具" ，注意选项栏中选择第二种绘图方式"路径"。

（4）在参考线上方适当位置（如图 5.11 中 A 点所示），按住鼠标左键向左上方拖动，出现两条方向线，在适当位置放开鼠标。

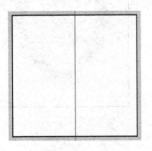
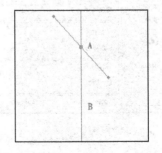

图 5.10　设置参考线　　　图 5.11　"钢笔工具"绘制 A 锚点

提示： 方向线的距离和方向决定曲线的曲率。

（5）在参考线上方适当位置（如图 5.12 中 B 点所示），按住鼠标左键向右下方拖动，出现两条方向线，在适当位置放开鼠标。

（6）按住 Alt 键将 B 点右侧的方向线改变方向，使之与 B 点左侧的方向线对称，如图 5.13 所示。

（7）按住 Alt 键在 A 点处单击并拖动鼠标，使 A 点右侧的方向线与 A 点左侧的方向线对称，如图 5.14 所示。

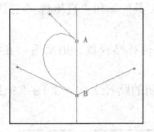 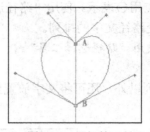 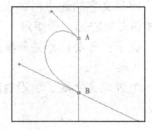

图 5.12 "钢笔工具"绘制 B 锚点　　图 5.13 "钢笔工具"　　图 5.14 "钢笔工具"
调整 B 点右侧方向线　　　　　　调整 A 点右侧方向线

（8）适当调整"心形"的曲率，取消参考线，最终"心形"路径完成。

2．描边路径和填充

（1）将前景色改为绿色。

（2）按 B 键选择"画笔"工具，选择"星形"画笔，选项栏参数如图 5.15 所示。

图 5.15 画笔工具选项栏设置

（3）在"画笔面板"中只勾选"动态形状"选项，参数如图 5.16 所示。

（4）新建"图层 1"，在路径面板中选择"心形"路径，单击"路径描边"按钮，效果如图 5.17 所示。

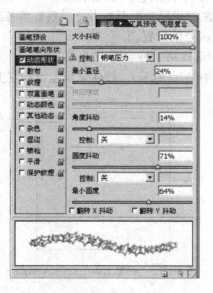 

图 5.16 "画笔面板"设置　　　　　图 5.17 画笔描边效果图

（5）将前景色和背景色分别设置为白色和红色，选择渐变工具 ▣▣，选择"径向渐变"。

（6）打开路径面板，将"心形"路径变为选区，如图 5.18 所示。

（7）在"图层 1"下新建"图层 2"，按"Ctrl+Alt+D"组合键将选区羽化，羽化值设置为 4，在选区内从中心向外拉一渐变，按"Ctrl+D"组合键将选区取消，效果如图 5.19 所示。

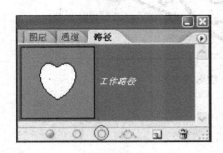

图 5.18　路径面板中路径转换为选区　　　图 5.19　路径描边及填充后效果图

3．填加文字效果

（1）按 X 键将前、背景色转换，使前景色变为红色。

（2）选择文字工具，在"桃心"中心单击，输入字母"LOVE"，单击选项栏中的"创建变形文本"按钮，设置如图 5.20 所示。

（3）给文字添加"斜面和浮雕"图层样式，参数设置如图 5.21 所示，得到最终效果。

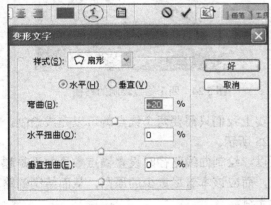 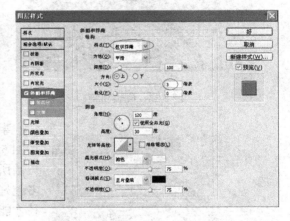

图 5.20　变形文本设置　　　　　　　　　图 5.21　"图层样式"对话框

5.2　课堂实训二：玫瑰坊字体设计

5.2.1　实训目的

● 掌握路径的编辑、锚点的增删及形状图层的应用。

● 利用文字工具、图层转换、路径选择及绘制形状图层、路径编辑等功能，设计制作完成如图 5.22 所示的字体，从而体会字体设计的方法。

图 5.22　玫瑰坊字体

5.2.2　实训预备

1. 路径锚点的设置与调整

我们以一个小练习开始本节内容，如图 5.23 所示。现在要求在 A 点和 B 点之间绘制一条紧贴翅膀外轮廓的路径曲线。

很可能大家绘制出来的是如图 5.24 所示的样子，虽然要求是达到了，但是在这样的路径上使用了 4 个锚点。

图 5.23　蝴蝶翅膀

图 5.24　四个锚点绘制的路径

图 5.25　两个锚点绘制的路径

事实上我们只需要两个锚点就可以完成绘制，如图 5.25 所示。

所以，绘制曲线路径时设置锚点数量并不是越多越好，而应该本着尽量少的原则，从而绘制的路径才能光滑。

在建立新的路径时，可通过单击的方式绘制直线路径，通过拖动的方式绘制曲线路径，对已建立的路径可以使用转换点工具 ⌖ 调整锚点的曲率。如要沿小鸭外轮廓绘制一条路径，可以使用钢笔工具在适当的位置单击左键绘制一条由若干锚点组成的闭合路径，如图 5.26（左）所示，接下来使用 ⌖ 依次调整各个锚点的曲率，如图 5.26（右）所示。

对于初学者来说上述方法是一种比较好理解的方法，但是对于熟练掌握 Photoshop CS 的人来说它是很笨拙的。学会一些技巧将有助于绘制路径。

使用"钢笔工具"时，按住键盘上的 Shift 键，将强制创建出的关键点与原先最后一锚点的连线保持以 45°的整数倍角；当按住键盘上的 Alt 键时，"钢笔工具"将暂时变换成"锚点圆滑度调整工具"；当按住 Ctrl 键时，"钢笔工具"将暂时变换成"锚点位置调节工具"。配合这些组合键，调节贝赛尔曲线将变得非常容易，不必麻烦地进行工具的切换，可以极大地提高工作效率。

图 5.26　单击左键建立的路径（左）与使用转换点工具调整结点（右）

另外一个特殊功能便是在定义锚点的过程中，当将鼠标光标移至已经定义过的锚点上时（非起始点），此时"钢笔工具"将立刻变换成"删除锚点工具"；如果鼠标光标移动至连接两锚点的直线段之中时，"钢笔工具"将变换成"添加锚点工具"，方便锚点的增删。

2．路径选择工具▶和直接选择工具▶

可以通过"路径选择工具"▶移动路径，按住 Shift 键后依次单击各路径，可选择多条路径，也可拖拉出选取框来选择多条路径，拖拉框只需触及路径即可，不用完全包围。

虽然"直接选择工具"▶也可移动路径，但很容易造成路径上锚点或片断的移动，因此如果是为了移动整条路径，而不是为了修改，还是使用"路径选择工具"▶较为妥当。

提示：需要注意的是，单纯的路径是无法通过我们惯用的移动工具▶↔去移动的，这点是初学者很容易犯的错误。

3．路径的编辑

对于已经完成绘制的路径，如果需要继续对其绘制，可使用钢笔工具▶移动到路径的末端端点，注意光标变为▲，并且锚点处于被选择状态，此时就可以在其他地方继续绘制这条路径的新锚点了，如图 5.27 所示。

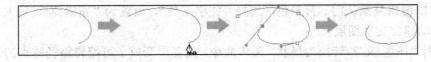

图 5.27　继续绘制已有路径

当路径组中有两条以上的路径时，可以连接起来变为一条，方法是使用钢笔工具▶分别在两条路径的端点上单击即可，过程如图 5.28 所示。注意当移动到两个端点上时，光标先后都会变为▲。

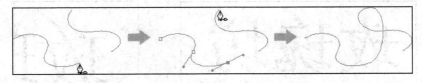

图 5.28　连接不同路径

如果想要对已有路径复制，必须通过路径选择工具▶去完成，如图 5.29 所示。这种方法才算得上是真正的复制路径，复制后两条路径可以同时显示，也可以同时加以应用。可以选择多条路径后一起复制。

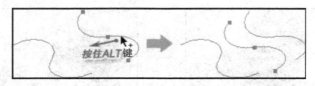

图 5.29   复制路径

4．路径与图层

选择钢笔工具，在上一节中已讲过，在选项栏中有两种路径类型可供选择：形状图层□和路径□。

选择□选项，用钢笔工具绘制路径，系统会自动生成一个形状图层，如图 5.30 所示。当调整路径的形状时，路径内的填充会随之改变。

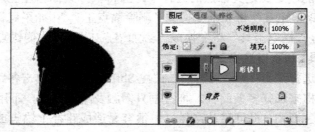

图 5.30   形状图层

选择□选项，严格意义上说，单纯的路径与图层没有关系。在绘制路径时，没有必要考虑它与图层的关系。但是，绘制好的路径，有可能要进行描边或转换为选区进行填充等操作，这就与图层发生了关系。

5.2.3   实训步骤

（1）新建文件，文件大小设置为 500×250 像素，分辨率设置为 72 像素/英寸。

（2）按 D 键恢复默认前、背景色，选择"文字工具"，设置为"新宋体"，输入"玫瑰坊"三个字，自动建立文字图层。

（3）执行"图层/文字/转换为形状"菜单命令，文字层变成了可编辑路径锚点的形状图层，如图 5.31 所示。

（4）选择"直接选择工具" ，单击"玫"字路径。选择"钢笔工具"将"玫"的笔画调整。在调整的时候，按住 Ctrl 键，光标就变为 ，可自由地移动锚点的位置；按住 Alt 键，光标就变为 ，可在锚点的位置拖动鼠标调整曲线的形状。调整后效果如图 5.32 所示。

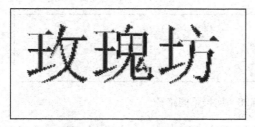

图 5.31   文字图层轮换为形状图层

图 5.32   调整路径

（5）用同样的方法，将其他笔画进行修改，如图 5.33 所示。

（6）用"钢笔工具"在原有路径添加上"叶子"（只需要添加三个锚点即可），如图 5.34 所示。

图 5.33　调整路径　　　　　　　　　图 5.34　调整路径

（7）选择钢笔工具，绘制玫瑰花，选项栏参数如图 5.35 所示。

图 5.35　选项栏参数

（8）绘制完成的玫瑰花如图 5.36 所示，选择"文字工具"，输入"MEIGUIFANG"，调整字体及间距，得到最终效果。

图 5.36　绘制玫瑰花

5.3　课堂实训三：绘制导航条

5.3.1　实训目的

- 掌握自定义形状的存储与应用，熟悉特殊形状的灵活绘制。
- 利用圆角矩形工具、花形自定义工具、文字工具，实施路径组合、路径与选区的变换、路径填充、图层描边，以及路径的编辑、连接等操作，绘制如图 5.37 所示的导航条效果。

图 5.37　导航条效果图

5.3.2 实训预备

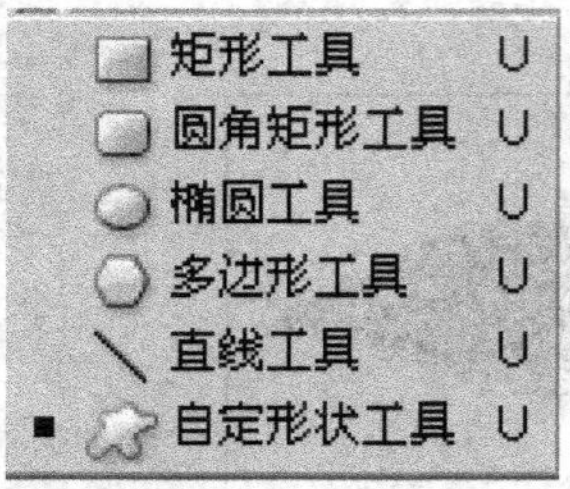

1. 形状工具

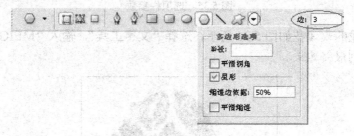

图 5.38　形状工具

形状工具包括六个形状：矩形工具、圆角矩形工具、椭圆工具、多边形工具、直线工具、自定义形状工具，如图 5.38 所示。

选择任何一个形状工具，选项栏有三种路径类型可供选择：形状图层⬚、路径⬚、填充像素⬚。前两项在上一节已有阐述，如果绘制形状时选择了"填充像素"⬚，系统不会新建图层，而是在当前图层填充了前景色，路径随着形状的建立而消失。由于没有了路径，形状就不可以通过路径编辑来改变。

提示： 在此特别提醒"形状工具"与"选框工具"的区别，初学者在创建矩形或椭圆选区时经常会选择形状工具，注意区分。

（1）多边形工具。选择多边形工具，在选项栏里有以下选项，如图 5.39 所示。如图 5.40 所示是以五边形为例，设定不同的选项后得到的效果，体会不同选项的功能区别。

图 5.39　多边形工具选项栏

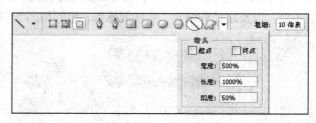

（a）不选任何选项　　（b）选择星形　　（c）选择星形、平滑拐角　　（d）选择星形、平滑缩进

图 5.40　多边形工具设置不同选项的效果图

（2）直线工具。用此工具可以画直线，在选项栏可设定直线的宽度，并可设置起点、终点的箭头，如图 5.41 所示。下面为设置"终点"箭头，并定义不同凹度的箭头效果，如图 5.42 所示。

图 5.41　直线工具选项栏

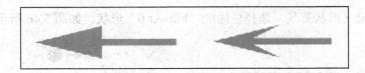

图 5.42　凹度设置不同，效果不同

（3）自定义形状工具。在"自定义形状工具"的选项栏中单击"形状"右侧的小三角，会弹出自定义面板，选择想要用的形状，如图 5.43 所示。单击形状面板右上角的 ⊙ 按钮，在弹出的菜单中选择"载入形状"，可载入系统自带的一些形状，存放在"Adobe/Presets/ Custom Shapes"目录下。另外，自己绘制的形状也可存储在"自定义形状工具"中，绘制完成后单击形状面板右上角的 ⊙ 按钮，在弹出的菜单中选择"存储形状"即可。

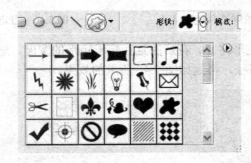

图 5.43　自定义形状图形

提示："存储形状"是将定义好的形状存储到硬盘上，任何打开的文件都可以使用；而路径面板上的 按钮，是将路径保留在路径面板中，只对当前文件起作用。

2．形状图层

通过形状工具创建的形状图层，在图层面板中显示为两个缩览图，如图 5.44（左）所示，左边的缩览图显示形状的填充颜色，单击此图标，弹出"拾色器"可选择新的颜色。右边的缩览图表示图层的矢量蒙版，用来定义图形的形状，单击此图标，会弹出"图层样式"对话框，在其中可对形状执行各种效果，如图 5.44（右）所示。

图 5.44　形状图层

5.3.3　实训步骤

1．绘制背景

（1）新建灰色背景的图像文件，新建"图层 1"，绘制一圆角矩形路径，半径为 20 像素，如图 5.45 所示。

（2）选择自定义形状工具，选择里面的"Flower 6"形状，如图 5.46 所示。

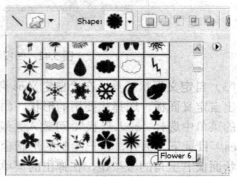

图 5.45　绘制圆角矩形路径　　　　　　　　图 5.46　自定义形状工具

（3）在矩形左侧创建花形路径，花形的直径等于矩形的宽度，选择"路径选择工具"，按下 Alt 键的同时拖动花形路径，得到如图 5.47 所示的效果。

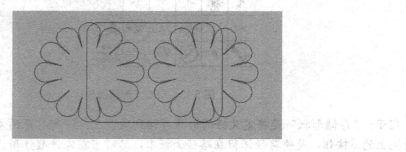

图 5.47　绘制花形路径

（4）使用"路径选择工具"选择这三个路径，单击选项栏中的 组合 按钮，使他们组合，如图 5.48 所示。

（5）单击路径面板的"将路径作为选区载入"按钮 ，选择喜欢的颜色，填充选区，选择填充图像的下半部分，如图 5.49 所示，删除内容。

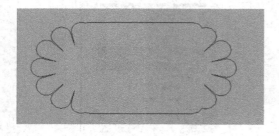
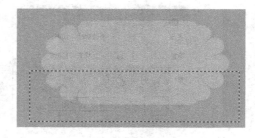

图 5.48　组合路径　　　　　　　　　图 5.49　删除多余背景部分

（6）使用魔棒工具选择绘制的形状，将选区转换为路径，并存储。

（7）执行"编辑/描边"菜单命令，将"图层 1"进行描边，结果如图 5.50 所示。

（8）复制"图层 1"，使用"直接选择工具"，删除左边过多的结点，使用"钢笔工具"连接断掉的结点，并完善这个路径形状，最后填充相似的高亮色彩，如图 5.51 所示。

图 5.50　图层描边效果图　　　　　　　　　　图 5.51　编辑路径

（9）依次画正圆形，填充不同颜色，放到花瓣位置，结果如图 5.52 所示。

（10）新建图层，绘制一个圆角矩形，用"Ctrl+T"组合键变形为梯形，进行图层描边，结果如图 5.53 所示。

图 5.52　添加圆形　　　　　　　　　　　图 5.53　添加梯形

2．插入卡通

（1）打开卡通图像，选择小猫图案，移入已制作完成的背景图中，按"Ctrl+T"组合键进行自由变换。

（2）同样的方法放入另一卡通图案，并调整相对位置，结果如图 5.54 所示。

3．输入文字

（1）输入文字"Welcome pet lovers from all over the world"，如图 5.55 所示。

图 5.54　插入卡通后效果图　　　　　　　　图 5.55　输入文字

（2）在各花瓣处输入要做链接按钮的文字，放入圆形中。

（3）在梯形中输入站点名字，添加"外发光"图层样式，得到最终效果。

5.4　课堂实训四：绘制卡通图案

5.4.1　实训目的

综合应用路径工具及路径的编辑功能，以及自定义形状工具、画笔工具、图层样式等，设计制作完成如图 5.56 所示的"卡通兔子"图案。

图 5.56　存储形状

5.4.2　实训步骤

1．绘制背景

（1）新建文件，文件大小设置为 330×400 像素，分辨率设置为 72 像素/英寸。

（2）将前景色参数设为 R:210，G:230，B:180，背景色参数设为 R:230，G:240，B:210。

（3）选择渐变工具，在背景图层设置上下的线性渐变。

（4）按 D 键恢复默认前、背景色，再按 X 键切换前、背景色，这时前景色为白色。

（5）选择"画笔工具"，画笔形状选择"枫叶"画笔，选项栏如图 5.57 所示。

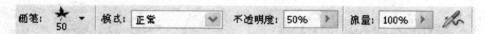

图 5.57　"画笔工具"选项栏

（6）在画笔面板选择"动态形状"和"散布"选项，参数设置分别如图 5.58（左）、图 5.58（右）所示。

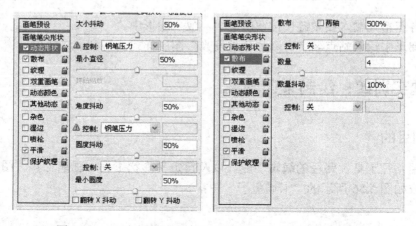

图 5.58　"动态形状"（左）与"散布"（右）参数设置

（7）在图像窗口随意画一些枫叶，效果如图 5.59 所示。

2. 绘制卡通兔子

（1）选择"圆角矩形工具"，选项栏选择"形状图层" ⬜，半径设为 100 像素。

（2）绘制兔子头（自动生成"形状 1"图层），在选项栏上选择 ⬜，再绘制两只耳朵，结果如图 5.60 所示。

图 5.59　背景效果图　　　　　图 5.60　绘制"兔头"形状

（3）按 P 键，选择"转换点工具"，将耳朵形状调整成如图 5.61 所示。

（4）选择"路径选择工具" ▶，选择建立好的三条路径，进行"组合"，将原来的三条路径组合为一条路径，如图 5.62 所示。

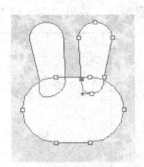 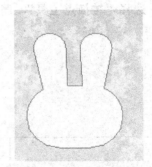

图 5.61　调整锚点效果图　　　　　图 5.62　组合路径

（5）选择"钢笔工具"，绘制兔子的手和脚，并将所有路径组合为一条路径，结果如图 5.63 所示。

（6）选择"矩形工具"，将兔子的身子大致绘制出来，结果如图 5.64 所示。

图 5.63　绘制手、脚并组合路径　　　　　图 5.64　用"矩形工具"绘制身子

（7）将前景色参数设为 R:200，G:220，B:140，选择"钢笔工具"，将兔子小裙子绘制出来，结果如图 5.65 所示。

（8）将图层上下关系按如图 5.66 所示调整。

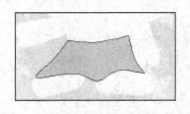

图 5.65 绘制"裙子"形状

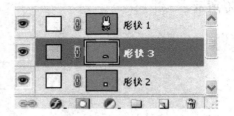

图 5.66 调整图层上下关系

（9）选择"圆角矩形工具"，选项栏选择"形状图层"，半径设为 50 像素，在图像窗口适当位置画出一条小扣吊带（系统自动生成"形状 4"图层），在选项栏上选择 ⬚，再加上另一条小扣吊带，效果如图 5.67 所示。

（10）选择"形状 1"图层，选择"自定义形状工具"中的"心形"，选择"形状图层" ⬚ 及"创建新的形状图层" ⬚，将兔子的鼻子画出（系统自动生成"形状 5"图层）。接下来选择"圆角矩形工具"，选项栏选择"形状图层"，半径设为 50 像素，选择 ⬚，将耳朵内廓绘制出来。按 P 键，选择"转换点工具"，调整耳朵内廓形状，效果如图 5.68 所示。

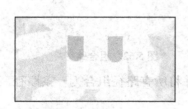

图 5.67 添加"圆角矩形"形状后的效果图

图 5.68 添加耳朵内轮廓和鼻子后的效果图

（11）按 D 键恢复默认前、背景色，选择"椭圆形状工具"，选择"形状图层" ⬚ 及"创建新的形状图层" ⬚，绘制兔子的眼睛（系统自动生成"形状 6"图层）。

（12）选择"直线形状工具"，选择"形状图层" ⬚ 及 ⬚ 选项，粗细为 2 像素，绘制兔子的嘴巴，效果如图 5.69（左）所示。在直线的中间添加两个锚点，将两锚点下移一定的位置，形成半圆形，效果如图 5.69（右）所示。

（13）新建图层，将图层名改为"描边"，分别载入"形状 1"和"形状 4"图层的选区，执行"编辑/描边（描边宽度设置为 2 像素）"菜单命令，效果如图 5.70 所示。

（14）使用"画笔工具"将缺的线条补上，使用"橡皮擦工具"将多余线条擦除，效果如图 5.71 所示。

图 5.69 用"直线形状工具"绘制嘴巴（左）与调整后的嘴巴效果图（右）

图 5.70 描边后效果图　　　　图 5.71 完善描边效果图

3．添加装饰效果

（1）将前景色参数设为 R:50，G:170，B:60，选择"自定义形状工具"，具体参数如图 5.72 所示（花的形状通过载入"自然"形状即可）。

图 5.72 工具选项栏参数设置

（2）按"Ctrl+T"组合键旋转小花到合适的位置，选择"添加锚点工具"和"转换点工具"将花枝制作出来。复制"小花"图层，制作散落小花的效果，如图 5.73 所示。

（3）打开"天使"文件，用"钢笔工具"（路径的方式）沿着小天使身体的外轮廓绘制路径，再将路径转换为选区，用移动工具将小天使添加到"卡通兔子"图片中。

（4）最后再将整幅图按自己的喜好添加一些配景及阴影，得到最终的"卡通兔子"作品。

5.4.3 实训分析

图 5.73 绘制小花效果图

这是一幅卡通兔子图案，在淡雅的背景中透出童真童趣。通过线性渐变、"枫叶"画笔绘制美丽背景。整个兔子造型可爱，通过"圆角矩形工具"、"转换点工具"、"钢笔工具"及路径组合，配合选项栏的不同设置，绘制小兔，并利用"钢笔工具"抠取小天使身体。通过本例的训练，进一步掌握路径的应用，以及卡通图案的基本绘制方法。

习题与课外实训

1. 利用路径工具绘制如图 5.74 所示的钥匙图形。

提示:

① 利用 "钢笔工具", 灵活应用 Shift 键和 Alt 键绘制路径;

② 路径与选区的相互转换。

2. 利用所给的素材, 制作完成如图 5.75 所示的宝宝照。

提示:

① 利用 "钢笔工具" 选择宝宝身体;

② 利用 "自由变换工具" 调整大小及位置。

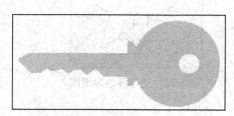

图 5.74　钥匙图形

图 5.75　宝宝照

3. 综合利用形状工具, 绘制如图 5.76 所示的平面构成图形。

提示:

① 屋顶使用了矩形工具和直线工具, 两屋顶重叠部分的制作需要从工具选项条上激活 "重叠形状区域除外" , 然后选择工具 , 将两矩形变成平行四边形;

② 半圆形墙面使用了矩形工具和椭圆工具, 半圆的制作需要从工具选项条上激活 "从形状区域减去" ;

③ 树的制作使用了多边形工具。

4. 利用路径工具与路径文字, 绘制如图 5.77 所示的耐克标志。

提示:

① 利用 "钢笔工具" 绘制路径, 注意锚点的数量;

② 文字沿路径排列。

图 5.76　房屋图形

图 5.77　耐克标志

第6章 色彩修正技术

本章概要

1．色阶的基本概念及色阶分析的应用；
2．理解各种色彩调节命令的功能，正确对图像进行色彩调整；
3．黑白照片上色的不同操作方法及彩色照的去色操作；
4．掌握"色阶"、"曲线"、"亮度/对比度"等命令对图像明暗层次的调整操作；
5．信息面板的功能、颜色取样及偏色图像、特殊色彩的处理。

6.1 课堂实训一：色彩构成效果

6.1.1 实训目的

利用替换颜色、色相/饱和度调整命令，结合图层，设计制作如图6.1所示的色彩构成效果。作品从左到右每一列代表颜色强、中、弱对比，从上到下每一排代表鲜艳、中等、灰饱和度比较。

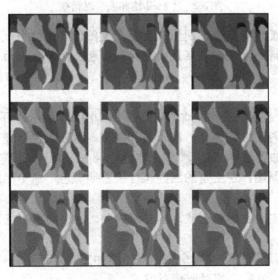

图6.1 色彩构成图

6.1.2 实训预备

色彩校正在图像的修饰中非常重要，Photoshop CS 提供了丰富的调整工具来改变色调和图像中的色彩平衡。通过"图像/调整"菜单命令可以调整图像的层次、对比度及色彩变化。

一般情况下，如果需要调整色相，可使用"自动颜色"、"色相/饱和度"、"替换颜色"、"可选颜色"、"色彩平衡"、"变化"等命令。

1．自动颜色

执行"图像/调整/自动颜色"菜单命令，可以对图像的对比度进行自动调整。

2．色相/饱和度

执行"图像/调整/色相/饱和度"菜单命令，对话框如图 6.2 所示，可拖动滑块来调整图像的色相、饱和度和亮度值。色相是指色谱中的各种颜色，饱和度是控制图像色彩的浓淡程度，明度是指明暗程度。"编辑"选项用于选取调整的色彩通道；"着色"选项用于向由灰度模式转化而来的 RGB 模式图像中填加颜色。

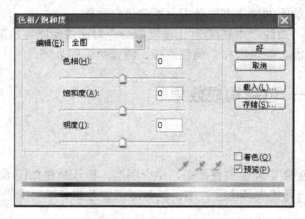

图 6.2　"色相/饱和度"对话框

提示： *如果将饱和度调至最低，图像就变为灰度图像了；对灰度图像改变色相是没有作用的。明度调至最低会得到黑色，调至最高会得到白色。对黑色和白色改变色相或饱和度都没有效果。*

3．替换颜色

执行"图像/调整/替换颜色"菜单命令，对话框如图 6.3 所示，可在色彩选区上创建屏蔽和拖动滑块来调整屏蔽内图像的色泽、饱和度和亮度。改变颜色容差可以扩大或缩小有效区域的范围。也可使用添加到取样工具 🖊 和从取样中减去工具 🖊 来扩大和缩小有限范围。对话框中显示的缩览图为原图，左上角的图为执行"替换颜色"命令后的效果，很明显原图中的青色用粉色替换了。

提示： *颜色容差决定了色彩的色域，容差值越大，包含的色彩范围越广。*

4．可选颜色

执行"图像/调整/可选颜色"菜单命令，对话框如图 6.4 所示，可拖动滑块调整 CMYK 四色打印色彩的百分比，并确定相对或绝对方式。

提示： *"可选颜色"命令中颜色选项有红色、黄色、绿色、青色、蓝色、洋红、白色、中性色、黑色。例如要修改的图像中只将其中的黄颜色进行色相的改变，那么先在"颜色"选项中选择"黄色"，然后调整色彩的百分比，而其他颜色不会改变。*

5．色彩平衡

执行"图像/调整/色彩平衡"菜单命令，对话框如图 6.5 所示，"色调平衡"选项用于选取图像的阴影区（暗调）、一般亮度区（中间调）、高亮度区（高光）；"色彩平衡"选项用于在上述选区中添加过渡色来平衡色彩效果；"保持亮度"选项用于保持原图像的亮度。

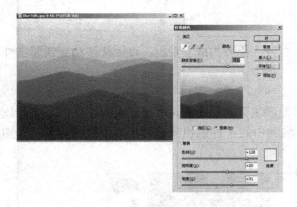
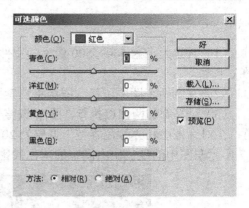

图 6.3 "替换颜色"对话框　　　　　　　　　　　　图 6.4 "可选颜色"对话框

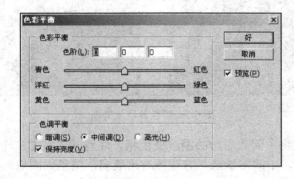

图 6.5 "色彩平衡"对话框

6．变化

执行"图像/调整/变化"菜单命令，对话框如图 6.6 所示，可以选定亮度范围并设定调整的等级，直接单击各个小图标即可以调整图像的亮度、饱和度等色彩值。最上面的两个小图标中，左边图标为变化前的效果，右边图标为变化后的效果。下面左边的 7 个小图标用来添加颜色（可以多次添加），右边的上下两图标用来调整图像的亮度。

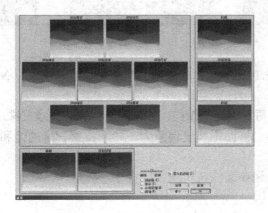

图 6.6 "变化"对话框

提示： 变化命令是一种较为直观的色彩平衡工具，初学者较为喜欢。事实上在实际使用中很少被用来改变图像色调，更多地被用来判断哪种色调最适合图像。

6.1.3 实训步骤

（1）新建大小为 500×500 像素的文件，打开"色彩构成"素材，将图片移动到新建文件的左上角。

（2）复制两个图层，移动图层将三者排成一排。

（3）对复制的两图层执行"图像/调整/替换颜色"菜单命令，用吸管吸取图像中的某一颜色，在对话框中将"颜色容差"调整为 20，将其中的一种色相调整为想要替换的颜色，如图 6.7 所示左图中的红色由右图中的紫色代替。

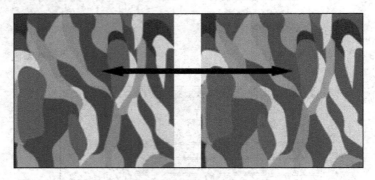

图 6.7　颜色替换效果图

（4）用相同的办法将中间和右边的图改变色相。注意从左到右三个图层的色相不同，左边的图色相对比最强烈，中间图次之，右边图对比最弱，结果如图 6.8 所示。

图 6.8　三者色相的对比效果图

提示： 使用"色相/饱和度"或"可选颜色"命令也可以完成，但必须先建立选区，然后再执行命令，比较麻烦。

（5）合并三个图层，再复制两个图层，移动图层将三者排成三排，执行"图像/调整/色相/饱和度"菜单命令，将第二排的饱和度调整为－40，将第三排的饱和度调整为－70，结果如图 6.9 所示。

（6）合并所有图层，保存文件。

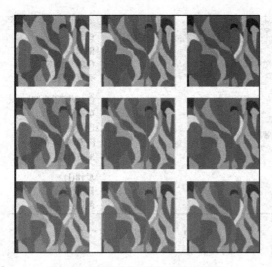

图 6.9　三者饱和度的对比效果图

6.2　课堂实训二：黑白照片上色

6.2.1　实训目的

- 掌握黑白照片的具体操作，注意多种方法的应用。
- 利用快速蒙版、钢笔工具等方法创建特殊的选区，结合调整图层、图层混合模式等设置，完成如图 6.10 所示的黑白照片上色操作。

图 6.10　黑白照片上色

6.2.2　实训预备

1．调整图层的使用

调整图层主要用于图像的颜色和色调修改，每个调整图层都带有一个图层蒙版，可用画笔和橡皮对图层蒙版进行编辑。单击图层面板的"新调整图层"按钮，或执行"图层/新调整图层"菜单命令，如图 6.11 所示，可选取要创建的图层类型。

图 6.11 "新调整图层"菜单

2. 去色

执行"图像/调整/去色"菜单命令，可将彩色图像变为黑白图像。灰度等同于亮度，如图 6.12 所示右边的灰度图像实际就代表了图像中的像素亮度。Photoshop CS 将图像的亮度大致分为三级：暗调、中间调、高光。画面中较黑的部位属于暗调，较白的部位属于高光，其余的过渡部分属于中间调。

图 6.12 "去色"前后效果比较

提示：给图片去色的方法很多，除了"去色"命令外，还可使用"色相/饱和度"命令将饱和度调整为 0；另一种方法是执行"图像/模式"菜单命令，为不丢失任何图像细节，一般先将彩色模式转换为 Lab 模式，再将其明度通道转换为灰度图像。

6.2.3 实训步骤

（1）打开"黑白照片"素材图片。（确认图片的彩色模式为 RGB，否则需转换为 RGB 格式。）

（2）按 Q 键进入快速蒙版，用"画笔工具"涂抹皮肤部分（注意调整画笔的大小和软硬），如图 6.13（左）所示；再按 Q 键进入标准编辑模式，这时建立了一不包含皮肤区域的选区，执行"选择/反选"菜单命令，选区选择了皮肤部分，如图 6.13（右）所示。

提示：选区创建究竟用什么方法依据个人的喜好。

（3）创建"色相/饱和度"调整图层，在对话框中选中"着色"，设置参数调整皮肤颜色，如图 6.14 所示。

图 6.13　快速蒙版状态（左）与创建皮肤部分选区（右）

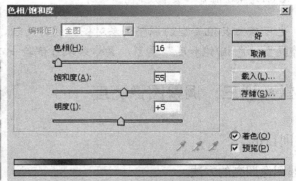

图 6.14　给皮肤上色

（4）选取衣服部分，创建"色相/饱和度"调整图层，调整衣服颜色，再选取花枝部分，同样创建"色相/饱和度"调整图层，调整颜色，结果如图 6.15 所示。

（5）重复上述步骤，分别给花、背景和嘴唇调整颜色。图像效果及图层情况如图 6.16 所示。

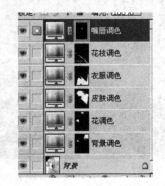

图 6.15　上色后效果图　　　　　　图 6.16　图像效果及图层情况

提示： 如果想改变图层的颜色，只要双击该图层的调整缩览图，然后改变参数即可。

（6）接着添加眼影效果。新建一图层，保证新建的图层在最上层，将前景色设置个人喜欢的颜色，用"画笔工具"绘制眼影（选项栏中将不透明度降低到 15%左右，选择柔角画笔），将图层混合模式设置为"颜色"，用同样的方法将指甲上色，图像效果如图 6.17 所示。

（7）另外还可以再添加唇彩效果。新建一图层，创建嘴唇选区，按 D 键恢复默认前背景色，将选区填充前景色（黑色），执行"滤镜/杂色/添加杂色"，在弹出的对话框中数量调整为最大值、选择单色。将图层混合模式设置为"叠加"，图层不透明度设为 30%，闪亮的唇彩制作完成，效果如图 6.18 所示。

 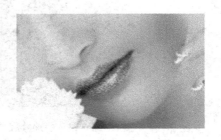

图 6.17　添加眼影和美甲效果图　　　　　　　图 6.18　闪亮嘴唇效果图

提示：也可建立其他类型的调整图层对图片进行处理，如使用"色彩平衡"或"可选颜色"来代替类型"色相/饱和度"类型，具体效果可试验一下。

6.3　课堂实训三：调整图像亮度

6.3.1　实训目的

- 掌握图像调亮的方法。
- 利用自动对比度、曲线、亮度/对比度、计算命令调整图像的亮度与对比度，结合通道创建特殊的选区，将如图 6.19（左）所示的照片（人物由于处于背光的位置，出现了大面积的阴影）调整为如图 6.19（右）所示的效果。

图 6.19　照片图像亮度调整前、后对比

6.3.2　实训预备

1. 自动对比度

自动对比度是以 RGB 综合通道作为依据来扩展色阶的，因此增加色彩对比度的同时不会产生偏色现象。也正因为如此，在大多数情况下，颜色对比度的增加效果不如自动色阶来得

显著。

2．曲线

虽然 Photoshop CS 提供了众多的色彩调整工具，但实际上最为基础也最为常用的是曲线，它将图像的色调范围分成 4 部分，调整图像更精确，范围更广。

执行"图像/调整/曲线"菜单命令，对话框如图 6.20 所示。最上方有一个通道选项，默认为 RGB，可以根据需要对单独的通道进行调整。

提示：按 Alt 键并单击对话框的网格，可使网格数由 4×4 变为 10×10，便于更精确地调节结点。

中间一条呈 45°的线段就是曲线，Photoshop CS 将图像的暗调、中间调和高光通过这条线段来表达，线段左下角的端点代表暗调，右上角的端点代表高光，中间的过渡代表中间调，如图 6.21 所示。

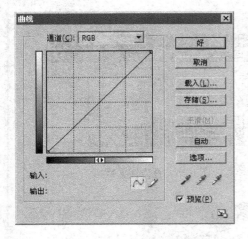

图 6.20　"曲线"对话框

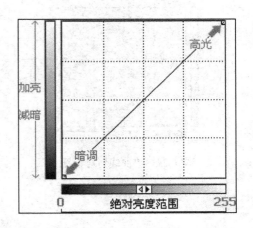

图 6.21　"曲线"分析图

注意左方和下方有两条从黑到白的渐变条。位于下方的渐变条代表着绝对亮度的范围，表示源图像的亮度值；位于左方的渐变条代表了变化的方向，表示调整后的亮度值。两个渐变条的关系可通过调节曲线来控制：曲线右上角的端点向左移动，增加图像亮度的对比度，使图像变亮（端点向下移动，结果相反）；曲线左下角的端点向右移动，增加图像暗部的对比度，使图像变暗（端点向上移动，结果相反）。

日常生活中由于曝光不足或者阴天，我们经常会拍出灰蒙蒙的照片。下面以数码照片的调整为例加以说明。

（1）打开素材原图，如图 6.22 所示。

（2）执行"窗口/直方图"菜单命令，直方图面板如图 6.23 所示，可发现在直方图中就表现为亮调和暗调部分缺失，这两个因素结合在一起，就是造成照片看上去显得灰蒙蒙的原因。解决这类问题的方法就是将色阶范围拉大，让 0 和 255 都有一定像素存在。

（3）执行"图像/调整/曲线"菜单命令，在曲线上添加两个控制点（B 点和 C 点），如图 6.24 所示。A 点到 B 点增加图像暗调部分，C 点到 D 点增加图像亮调部分。

（4）再执行"窗口/直方图"菜单命令，直方图面板如图 6.25 所示，显现亮调和暗调部分。

（5）调整后的图像如图 6.26 所示，可发现图像的清晰度明显增加。

图 6.22 素材原图

图 6.23 直方图面板

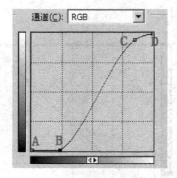

图 6.24 "曲线"对话框

图 6.25 直方图面板

图 6.26 调整后的图像

3．亮度/对比度

对话框如图 6.27 所示，可以通过拖动滑块来调整图像的亮度和对比度。滑块向右拖动，亮度、对比度加强，反之减弱。

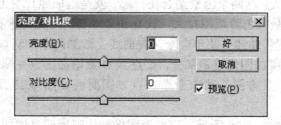

图 6.27 "亮度/对比度"对话框

6.3.3　实训步骤

1．创建阴影部分选区

（1）打开 Photoshop CS 自带的"岛上的女孩"素材文件。执行"窗口/直方图"菜单命令，如图 6.28 所示，很明显黑场像素很多，主体人物很暗，需要调亮。

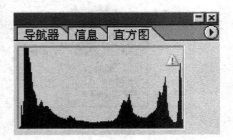

图 6.28　原图及直方图

（2）执行"图像/调整/自动对比度"菜单命令，结果如图 6.29 所示，发现效果并不理想，所以这种方法行不通。

图 6.29　执行"自动对比度"后效果图

提示：一般情况下对图像进行调整时，首先选择"图像/调整/自动对比度"命令，如果效果并不太好再使用其他办法。"自动对比度"对那些对比度较弱的图像效果较好。

（3）本例最需要调整阴影部分，所以建立阴影部分的选区是关键，复制一个"背景副本"图层。

（4）执行"图像/计算"菜单命令，对话框参数设置如图 6.30 所示。

（5）打开通道面板，可以看到新产生了一个 Alpha1 通道。将前景色设置为黑色，选择画笔工具将 Alpha1 通道中大面积阴影以外的区域都涂成黑色，留下大于 50%的部分就是选区。

（6）按住 Ctrl 键，单击 Alpha1 通道载入选区，如图 6.31 所示。

（7）回到图层面板，单击"背景副本"图层激活为当前层。可发现选区边缘有些硬，需要羽化以便调整图像时与其他区域很好地融合。执行"选择/羽化"菜单命令，在打开的对话框中设定羽化值为 50。

图 6.30　计算设置

图 6.31　载入选区

2. 调整图像阴影部分

（1）执行"图像/调整/曲线"菜单命令，调整曲线如图 6.32（左）所示，使阴影部分与外部的影调协调一致，结果如图 6.32（右）所示。

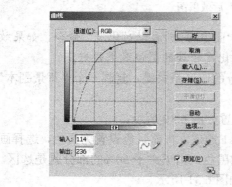

图 6.32　"曲线"面板（左）与曲线调整后效果图（右）

（2）取消选区，执行"图像/调整/亮度/对比度"菜单命令，设置如图 6.33 所示，使图像对比度更好一些，得到最终效果。

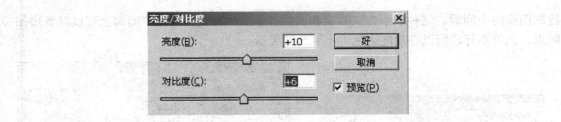

图 6.33 "亮度/对比度"对话框

6.4 课堂实训四：图像色调调整

6.4.1 实训目的

- 掌握将调整图层、取样颜色和信息面板综合起来，用数字校正的方法来校正图像颜色。
- 利用颜色取样器工具、信息面板，结合调整图层分别调整图像的高光、暗调及中间调的颜色，色彩校正前后的效果如图 6.34 所示。

图 6.34 色彩校正前后效果比较

6.4.2 实训预备

1. 色阶

（1）基本概念。色阶是 Photoshop CS 的基础调整工具，当图像因某种原因缺少了暗部或亮部，丢失了图像的细节，使用"色阶"命令可对图像的亮部、暗部和灰度进行调节，加深或减弱其对比度。

（2）色阶分析。执行"图像/调整/色阶"菜单命令，对话框如图 6.35 所示，不仅可选择合成的通道进行调整，也可选择不同的颜色通道进行个别的调整。

可通过"输入色阶"来增加图像的对比度，注意色阶图中有三个滑块（图 6.36 中 1、2和 3 处），它们对应"输入色阶"中的三个数值（图 6.36 中 A、B 和 C 处）。左边黑色部分控制图像的暗调部分，即黑场；右边白色部分控制图像的高光部分，即白场；中间灰度部分则控制图像的中间调。这种表示方式其实和曲线差不多，只是曲线在中间调上可以任意增加控制点，色阶不行，所以在功能上色阶不如曲线灵活。

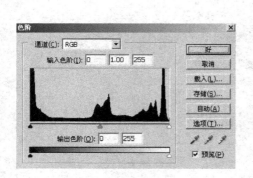

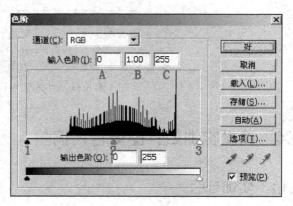

图 6.35   "色阶"对话框   图 6.36   输入色阶

使用"输出色阶"可降低图像的对比度，图 6.36 下方的黑三角用来降低图像中暗部的对比度，白三角用来降低图像中亮部的对比度，"输出色阶"后面的数值和下面三角的位置相对应。

利用"色阶"对话框中的 3 个吸管工具 ![吸管工具] 直接单击图像，可以在图像中以取样点作为图像的最亮点、灰平衡点和最暗点。一般采取的方法是结合信息面板，选择最右边的吸管点取图像中高亮的点设置白场，选择最左边的吸管点取图像中暗部的点设置黑场。如图 6.37 所示，左图为原图，发现缺少层次。选取右边的吸管单击天空亮的点设置白场，再选取左边的吸管单击暗的点设置黑场，效果如图 6.37（右）所示。

图 6.37   设置黑场、白场效果比较

2．自动色阶

执行"图像/调整/自动色阶"菜单命令，系统会对图像自动调整色阶。这种操作可增加色彩对比度，但可能会引起图像偏色，所以此命令对调整简单的灰阶图比较合适。

3．通道混合器

执行"图像/调整/通道混合器"菜单命令，对话框如图 6.38 所示，可选择要调整的通道，拖动三角可改变颜色，调整"常数"值可增加该通道的补色，选中"单色"可制作出灰度的图像。如图 6.39 所示中左图为原图，右图为执行"通道混合器"命令后的效果。

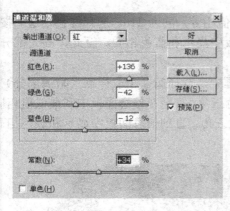

图 6.38 "通道混合器"对话框

图 6.39 执行通道混合器前后效果比较

6.4.3 实训步骤

（1）打开"食物图片"文件。

（2）选择颜色取样器工具，在选项栏中将取样大小设为"3×3 平均"。

（3）用颜色取样器工具单击图像的高光处，放置第一个颜色取样器。在完成放置后，如果觉得位置不合适，可以移动取样器至最佳位置。然后，用同样方法，在图像中的暗部区放置第二个颜色取样器，如图 6.40 所示。

（4）执行"窗口/显示信息"菜单命令，在信息面板显示标为#1、#2 的颜色取样器，如图 6.41 所示，可看到其所在位置的颜色信息，#1 和#2 分别对应图中的高光和暗调。由于这幅图像为 RGB 图像，所以面板中出现的是 RGB 值。每个点的红、绿、蓝值都不同，当高光和暗调的值都统一的时侯，图像呈均衡状态，此时不会出现偏色现象。

图 6.40 添加取样点

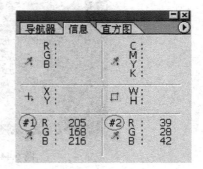

图 6.41 信息面板

（5）观察#1 取样点（即高光点）的 RGB 值，在红、绿、蓝值中，绿色最低。

（6）创建"色阶"调整图层，在通道选项中选择在上一步检查出来的值最低的绿色通道，此时信息面板中显示的绿色值为 168。拖动"色阶"对话框中的白色三角，同时观察信息面板中#1 的 G 值，直到它和高光点 RGB 值中的最高值相等。这里，蓝色值最高，所以将白色三角拖至 199。这样，信息面板中，绿色值就和蓝色值相等，同为 216。选择红色通道，按照刚才的方法，移动对话框的白色三角，直到信息面板中显示和蓝色相同。至此，高光部分的偏色已被处理，结果如图 6.42 所示。

（7）接下来调整暗调。依然在刚才的色阶对话框中，选择第二个取样点（暗调部分）的RGB 值最高的红色通道，拖动色阶对话框左侧的黑色三角，直至在信息面板中和最低值相同。选择蓝色通道，按照刚才的方法，移动对话框的黑色三角，直到信息面板中显示和绿色相同。暗调部分的偏色也就被处理了，结果如图 6.43 所示。

图 6.42　调整高光后的效果图　　　　　　　图 6.43　调整暗调后的效果图

（8）继续均衡中间调。再次选择颜色取样器工具，在图像的中间调部分放置一个取样点#3。在本例中，把取样点放在下边的桌布处，如图 6.44 所示。

图 6.44　#3 取样点及 RGB 值

（9）创建"曲线"调整图层，观察信息面板，判断出 RGB 值中的中间值。在本例中，R、G、B 值分别为 127、117、121，此时则以 B 值为准。结合信息面板，分别选择高于（红色）或低于（绿色）这个值的颜色通道，调整曲线，直到信息面板中 RGB 值相同，如图 6.45 所示。至此，图像各区域的偏色均被消除。

（10）为了使食物看上去更加诱人，可再给图层添加一个"色相/饱和度"调整图层，适当调整饱和度，得到最终效果，如图 6.46 所示。

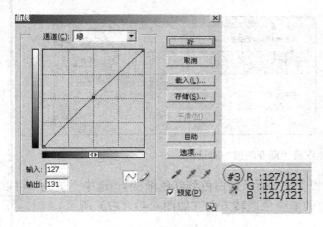

图 6.45　平衡中间调　　　　　　　　　　图 6.46　最终效果图

6.5　课堂实训五：特殊色彩调整

6.5.1　实训目的

● 掌握调整图像特殊色彩的应用，可展开丰富的想象创作出优美作品。
● 利用去色、色相饱和度、阈值、色调分离、渐变映射等功能，制作如图 6.47 所示的"让世界充满欢笑"个性照片作品。

图 6.47　个性照片效果图

6.5.2　实训预备

1．渐变映射

该命令用来将相等的图像灰度范围映射到指定的渐变填充色上。如果指定双色渐变填充，图像中的暗调映射到渐变填充的一个端点颜色，高光映射到另一个端点颜色。

执行"图像/调整/渐变映射"菜单命令，对话框如图 6.48 所示。

图 6.48　原图及"渐变映射"对话框

设置对话框中的渐变类型（如图 6.49（左）所示为白色到红色渐变），选中"仿色"可以使色彩过渡更平滑，"反向"可以使现有的渐变色逆转方向（如图 6.49（右）所示）。

图 6.49　执行"渐变映射"后效果图

2. 反相

该命令用于产生原图的负片，将图像中的色彩转换为反转色，白色转为黑色，红色转为青色，蓝色转为黄色等，类似普通彩色胶卷冲印后的底片效果。此命令在通道运算中经常使用。如图 6.50 所示，左图为原图，右图为执行"反相"命令后的效果图。

图 6.50　执行"反相"前后的效果比较

3. 色调均化

将图像中最亮的部分提升为白色，最暗部分降低为黑色。这个命令会按照灰度重新分布亮度，使得图像看上去更加鲜明。因为是以原来的像素为准，因此它无法纠正偏色。

4. 调整阈值

该命令将图像转化为黑白 2 色图像（位图），可以指定为 0～255 亮度中任意一级。使用时应反复移动色阶滑杆观察效果，一般设置在像素分布最多的亮度级上可以保留最丰富的图像细节，常用来制作漫画或版刻画。

打开图像，执行"图像/调整/阈值"菜单命令，弹出如图 6.51 所示的对话框。

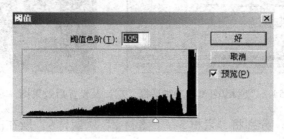

图 6.51 "阈值"对话框

提示：滑块向左调，图像白场增多；滑块向右调，图像黑场增多。

调整滑块的位置，单击"好"按钮，原图及执行"阈值"命令后的效果如图 6.52 所示。

图 6.52 原图及执行"阈值"后的效果图

6.5.3 实训步骤

（1）新建图像文件，大小为 600×600 像素，分辨率为 72 像素/英寸，模式为 RGB。

（2）将"素材 1"与"素材 9"之间的图片拖入新建文件，如图 6.53 所示。

图 6.53 放置素材后效果图

（3）选中"素材 1"所在图层，执行"图像/调整/去色"菜单命令，得到黑白图像。再执行"图像/调整/色相饱和度"菜单命令，调整参数如图 6.54（左）所示，结果如图 6.54（右）所示。

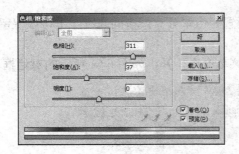

图 6.54　"色相/饱和度"对话框（左）及设置后效果图（右）

（4）用同样的方法，分别将"素材 3"、"素材 7"、"素材 9"所在的图层调整颜色，效果如图 6.55 所示。

图 6.55　部分调整颜色后效果图

（5）选中"素材 2"所在图层，执行"图像/调整/阈值"菜单命令，将"阈值色阶"调整到 45，结果如图 6.56（左）所示。同样对"素材 8"所在图层进行调整（"阈值色阶"调整到 82），结果如图 6.56（右）所示。

（6）选中"素材 4"所在图层，执行"图像/调整/去色"菜单命令，再执行"图像/调整/色调分离"菜单命令，在对话框中将"色阶"值设为 2，结果如图 6.57 所示。

图 6.56　调整阈值后效果图　　　　　　　图 6.57　色调分离后效果图

提示： 我们会发现效果与上面使用"阈值"命令产生的效果差不多，但是制作原理不同。

（7）用同样的方法将"素材 6"所在图层进行调整。

（8）将前景色设置成深灰色，选中"素材 5"所在图层，执行"图像/调整/渐变映射"菜单命令，保持对话框中的默认设置，得到黑白照的效果，至此个性照片制作完成。

习题与课外实训

1. 利用如图 6.58（左）所示的风景图，制作如图 6.58（右）所示的水墨山水作品效果。

提示：

① 利用"去色"命令，创建黑白效果。

② 利用"色阶"命令，加强图像的明暗对比度。

③ 利用"可选颜色"命令（选择"白色"，将黄色调整为 12%、黑色调整为 18%），做出仿旧效果。

④ 利用"高斯模糊"（模糊半径为 1.5）滤镜、"喷溅"（"喷射半径"为 4、"平滑度"为 6）滤镜。

⑤ 给树涂上墨绿色，设置图层混合模式为"颜色"。

⑥ 添加文字效果，加盖印章。

图 6.58　最终效果图

2. 如图 6.59（左）所示的图片存在两个问题：一是明暗对比较弱，二是偏色问题（偏红），可利用调整工具达到如图 6.59（右）所示的效果。

图 6.59　处理前后的效果对比

提示：

① 利用"曲线"调整图像的明暗度，曲线设置可参考图 6.60。

② 利用"可选颜色"命令，选择"中性色"项，并将"洋红"调整为"－19"。

3. 将如图 6.61 所示的左图（画面太灰，缺乏层次）调整为右图的效果。

提示：利用"图像/调整/色阶"命令，具体可参照 6.4 节

图 6.60　曲线设置

内容。

图 6.61　调整前后效果图

第7章 通道与蒙版

本章概要

1. 通道（Channels）的基本概念、不同类别与功能；
2. 蒙版（Masks）的基本概念、类型及快速蒙版的功能；
3. 通道的创建、分离、合并等操作及 Alpha 通道的具体应用；
4. 利用通道在精确抠图、创建特殊效果等操作中的典型应用；
5. 蒙版的创建、编辑及在图像合成、创建选区等方面的特殊操作。

7.1 通道概述

7.1.1 通道的基本概念

通道（Channels）是图像处理中不可缺少的利器，利用它能创建一些特殊的图像效果。通道与图层有些相似，图层保存不同层次像素的各种信息，而通道保存图像中像素的各种颜色信息。因此，通道是 Photoshop CS 中用来保存图像颜色、独立的单一色彩平面。

在 Photoshop CS 中，不同颜色模式的图像会有不同数目的颜色通道，每个通道存放一种基本颜色的强度信息。一幅 RGB 图像，如图 7.1 所示，有 4 个默认的颜色通道：R、G、B 3 个单色通道和 1 个 RGB 复合通道（存放单色通道）。但一幅 CMYK 图像就有 5 个默认通道：C、M、Y、K 4 个单色通道和 1 个 CMYK 复合通道。

图 7.1 RGB 图像及颜色通道

7.1.2 通道功能及分类

通道有两个主要功能：一是存储图像的颜色数据；二是以蒙版的形式存储选区，当图像中的选区保存后，就成为一个蒙版保存在新通道中，这些新增的通道有一个专门的名称称为

Alpha 通道。通道以黑白色灰度表现，在通道里黑色是选择区域，白色是保护区域，灰色是半透明区域，改变通道的灰度直接影响图像本身的色彩效果。

通道主要分为 3 种：颜色通道、专色通道和 Alpha 通道。一个图像最多可有 24 个通道，通道越多，图像文件越大。

- 颜色通道：由组成图像的所有像素点的颜色信息构成。通道的名称与图像的颜色模式相对应，如图 7.1（右）所示为 RGB 模式的通道，如图 7.2 所示分别是 CMYK、Lab 模式的颜色通道。

图 7.2　CMYK 图像颜色通道与 Lab 图像颜色通道

提示：利用颜色通道可方便地实现照片偏色现象的处理，如照片图像偏红，可只选中"红"通道，按"Ctrl＋M"组合键打开"曲线"对话框，调整曲线来完成颜色的调整。

- 专色通道：是通道中比较特殊的通道，用来描述专色信息，在印刷业中有特殊要求时用到。彩色印刷品是通过黄、品、青、黑四种原色组成的，由于印刷油墨本身存在一定的颜色偏差，印刷品在再现一些纯色时会出现很大的误差，为了更好地再现印刷品中的纯色信息，减少颜色误差，或为在印刷品上实现某些特殊变化，会在印刷四种原色之外加印其他专制的附加印版。这些信息即通过专色通道来实现。

- Alpha 通道：一种特殊的通道，它保存的不是颜色信息，而是创建的选区和蒙版信息，如图 7.3 所示。在进行图像编辑时，单独创建的新通道都称为 Alpha 通道。Alpha 通道相当于 8 位的灰度图，有 256 级不同的层次，支持不同的透明度。可以把 Alpha 通道作为灰度图像通道进行各种效果处理，最后再应用于图层，得到非常特殊的效果，如利用 Alpha 通道产生渐隐的效果、创建有阴影的文字、创建有三维效果的图像等。

图 7.3　通过 Alpha 通道存储选区

7.1.3 蒙版的基本概念

通常而言，蒙版（Masks）就是选区的另一种表现形式。当一个选区被保存后，就作为蒙版保存在通道中，需要时可载入选区编辑图像。但蒙版比选区的功能更具弹性，它能够在通道中进行修改和编辑。因此，蒙版就像一个盖板，盖住某些区域，使用户在其他区域（即通道所说的选择区域）所作的修改不会影响到这些区域，而这个盖板制作时可以使用各种绘图、编辑工具、滤镜进行处理，也能改变大小、形状等。

蒙版分为图层蒙版、通道蒙版和快速蒙版 3 种类型。

- 图层蒙版：建立在一个图层上的遮罩，用来显示或隐藏图层上的部分信息，从而在不改变原图层的前提下实现多种编辑。图层蒙版中的白色部分是显示区域，黑色部分是隐藏区域，灰色渐变区是图层中不同程度显示的区域，如图 7.4 所示。

图 7.4 创建图层蒙版实现图像拼接

- 通道蒙版：每个通道都是一个灰阶图像，它既可以作为蒙版使用，也可以是图像色彩的组成部分。从某种意义上说，每个 Alpha 通道都是一个蒙版通道，可利用"图像/计算"菜单命令等方式对图像中的某些区域进行加亮或变暗等编辑，产生视觉上凹凸不平的立体效果，如创建金属、立体等效果，这在后面的实例中会加以利用。

7.1.4 快速蒙版

Photoshop CS 提供了快速方便地制作临时蒙版的方法，称快速蒙版。利用快速蒙版功能可快速地将一个选区范围变成一个蒙版，然后对这个蒙版进行修改或编辑，以完成精确的范围选取，此后再转换为选区使用。下面以一个实例来说明。

（1）打开图像文件，创建椭圆选区，如图 7.5（a）所示。

（2）单击工具箱下方的"快速编辑模式"按钮 ⬤，进入快速蒙版编辑状态，如图 7.5（b）所示，图中蒙版区域（即非选区）有颜色，非蒙版区域（即选区）没有颜色。

（3）此时在通道面板中增加了一个快速蒙板通道，如图 7.5（c）所示，只不过它是临时的，一旦单击"以标准模式编辑"按钮 ⬜ 切换为一般模式后，快速蒙版就会马上消失；若需要保留临时通道，可将其存储为 Alpha 通道。

(a) 创建选区　　　　　　　(b) 进入快速蒙版　　　　　　(c) 快速蒙版通道

图 7.5　应用快速蒙版

（4）进入快速蒙版后可以使用各种工具和滤镜对快速蒙版进行编辑修改，使用快速蒙板的优点是可以同时看到蒙版和图像。改变快速蒙版的大小与形状，也就调整了选区的大小与形状，如用橡皮擦工具修改后再退出快速蒙版编辑状态，结果如图 7.6 所示。

(a) 橡皮擦修改快速蒙版区域　　　　　　(b) 将快速蒙版转化为选区

图 7.6　修改快速蒙版

提示：用画笔修改快速蒙版时要注意，白色可以擦除红色区域，而黑色可以增加红色区域。

在编辑快速蒙版时，可先双击按钮 ▣，调出"快速蒙版选项"对话框，如图 7.7 所示，可设置"被蒙版区域"、"所选区域"不同的颜色及不透明度。

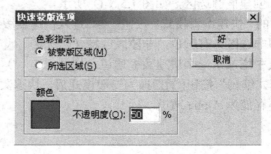

图 7.7　"快速蒙版选项"对话框

7.2 课堂实训一：应用通道合成图像

7.2.1 实训目的

● 掌握通道的创建与编辑。
● 利用通道的特殊功能，选择单色通道进行亮度、反相等操作，配合"钢笔工具"精确实现人物图像细节的抠选；使用自定义形状工具绘制蝴蝶，并利用滤镜实施对通道的编辑，结合图层的叠加效果，制作金属蝴蝶效果，最终合成如图 7.8 所示的效果图。

图 7.8　合成图像效果图

7.2.2 实训预备

1．通道面板

使用通道离不开通道面板，使用它可以创建、管理通道，并监视编辑的效果。

通道面板如图 7.9 所示，单击右上角的按钮 可显示快捷菜单。每个通道都有一个不同的名称以便区分，主通道（如 RGB 模式的 RGB、R、G、B）的名称不能更改，通道左侧有一个缩览图，显示该通道的内容。

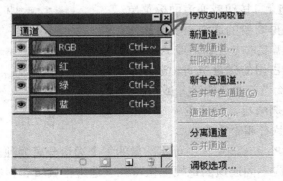

图 7.9　通道面板

（1）显示/隐藏通道。单击通道左侧的 图标可显示或隐藏该通道，同时工作区图像色彩也会发生相应的变化。

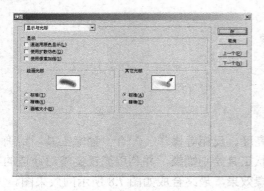

图 7.10　"显示与光标"对话框

（2）将"通道面板"的单色通道显示为彩色。执行"编辑/预置/显示与光标"菜单命令，打开如图 7.10 所示的对话框，选中"通道用原色显示"，即可实现。

2．通道操作

通道包括创建、复制、删除、分离、合并等操作。

（1）选择通道。单击通道名称就可选择一个通道，如要选择多个通道，需同时按住 shift 键。对选中的通道可进行编辑，使用绘画或编辑工具在选中的通道中绘画，绘制的颜色可以是黑色，也可以是白色或灰色，如果使用彩色，将自动转变为灰色。

（2）创建通道。可创建的通道有两种：Alpha 通道和专色通道。

① 创建 Alpha 通道的方法。

● 通道面板按钮 ：创建的是 Alpha 通道，默认命名为 Alpha1、Alpha2…等；如在当前操作的图像文件中已创建了选区，则单击通道面板的按钮 ，可直接把选区存储为 Alpha 通道。

● 单击通道面板右上角的按钮 ，在弹出的菜单中选择"新通道"，在弹出的"新通道"对话框中可对新通道命名。

② 创建专色通道的方法。

● 创建或载入选区：单击通道面板右上角的按钮 ，在弹出的菜单中选择"新专色通道"，当前选区将由当前指定的专色填充。

● 创建或载入选区：按住 Ctrl 键的同时，单击通道面板的按钮 ，创建新的专色通道。

● 双击通道面板的 Alpha 通道，弹出如图 7.11 所示的"通道选项"对话框，在"色彩指示"栏选择"专色"，将 Alpha 通道转化为专色通道。

（3）复制通道。通道可在同个图像或不同图像文件之间复制，但两图像必须具有相同的大小和分辨率，即具有相同的像素尺寸。复制通道可直接右击通道选择"复制通道"，也可拖至 按钮或通道面板菜单。

（4）删除通道。不再需要的通道要及时删除，存储图像前，应删除不再需要的专色通道或 Alpha 通道，可有效减小图像存储所占用的磁盘空间。删除通道可利用通道面板菜单、删除当前通道按钮 或快捷菜单。

提示： 一个通道被删除后，该通道中的所有信息也都会被删除，所以在执行删除前要小心。

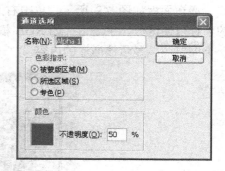

图 7.11　"通道选项"对话框

（5）分离通道。在 Photoshop CS 中可将图像的每个通道分离为独立的图像，以便单独保存单个通道的信息。对应不同通道的每幅图像可独立地进行编辑和存储。打开要分离的图像文件，选择通道面板菜单中的"分离通道"，原图像文件被分为多个灰度图像文件，如 RGB 格式的将被分为 3 个分别包含 R、G、B 颜色通道的灰度文件，文件名分别在原文件名的基础上加上-R、-G、-B 加以区分不同通道，如图 7.12 所示。

图 7.12　通道分离后的灰度图像

提示： 通道分离后，不能使用"历史记录"或"还原"命令进行恢复操作，可使用"合并通道"恢复操作。

（6）合并通道。利用通道合并命令，可以将多个灰度图像合并成一个图像，也可以将一个或多个通道中的数据混合到现有或新的通道中（不一定出自同一个图像文件），但要求被合并的图像必须是灰度模式，具有相同的像素和分辨率，并且处于打开状态。已打开的灰度图像的数量决定了合并通道时可能构成的颜色模式。例如，三个打开的灰度图像只能合成 RGB 色彩模式图像。合并通道的具体操作为：

- 打开要合并的灰度图像，并使其中一个成为当前图像。为使"合并通道"选项可用，必须打开不止一个图像。
- 选择通道面板菜单中的"合并通道"，弹出如图 7.13 所示的对话框，设置参数。注意合并的通道若多于原图像模式色彩通道个数（RGB 需要 3 个通道、CMYK 需要 4 个通道），则需要选择多通道模式；执行合并命令时系统将逐个询问通道的顺序，操作中必须保证色彩通道的顺序正确，否则会使图像面目全非。多通道图像的所有通道都是 Alpha 通道，以多通道合并时，色彩通道的顺序应正确。

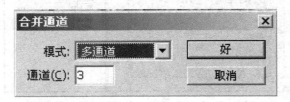

图 7.13　"合并通道"对话框

3．修改和编辑 Alpha 通道

对于创建的 Alpha 通道，可以进行如下操作。

- 存储选区：执行"选择/存储选区"命令，弹出如图 7.14 所示的"存储选区"对话框，进行相应的设置。"目标"栏中的"文档"项可选择默认的当前文档或"新建"文档；"通道"栏中可选择默认的当前通道或新建通道，若有多个通道则可以在此选择要用的通道；"名称"栏可以自定义文件名，当"文档"或"通道"项选择"新建"时，该选项才被激活，可在其中输入新的文件名，否则将默认为当前文件或通道。

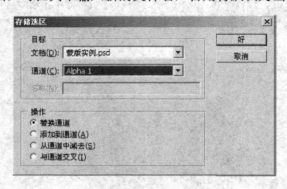

图 7.14 "存储选区"对话框

- 载入 Alpha 通道：单击通道面板的按钮○，可将选择的通道作为选区载入；也可执行"选择/载入选区"菜单命令，弹出"载入选区"对话框，利用载入 Alpha 通道的操作可以随时调用事先设置并保存的选区。在对图层制作蒙版时，经常将选区存储为 Alpha 通道，在通道中进行各种处理和编辑，再将 Alpha 通道转换成选区，制作蒙版。
- 编辑 Alpha 通道：可用绘画或编辑工具在图像中绘画。用黑色绘画可增大对应选区，用白色绘画则减小对应选区，用较低不透明度或其他颜色绘画将以较低透明度添加到通道，根据此规则可以对已建立的 Alpha 通道进行修改。

提示： 使用黑色或白色修改选区通道是两种极端情况，也是一般常用的方法，可以选择其他颜色操作，结果则根据颜色的不同改变选区的透明度（白色和黑色分别为透明和不透明）。

在对 Alpha 通道进行修改时，如果同时选择某一彩色通道或复合通道（单击显示彩色通道前状态框的眼睛○按钮），图像完全显示出来，同时在图像的上面覆盖了一层半透明彩色区域（默认为红色），如下图 7.15 所示，红色区域其实代表通道中的黑色部分。在这种状态下既能把图像显示出来，又能把通道的状态显示出来，有利于 Alpha 通道的修改。

图 7.15 同时显示彩色通道和 Alpha 通道

4．通道与选区

从前面的介绍中，我们知道 Photoshop CS 中通道主要是用于保存和处理颜色信息的，但它同时也为图像色彩选择区域的建立和使用提供了更加灵活的方法。更重要的是，如果图像含有多个图层，则每个图层都有自身的一套颜色通道。通道面板下方的两个按钮：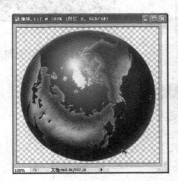（将通道作为选区载入）和（将选区存储为通道），这两个按钮可很方便地实现通道与选区之间的相互转化。同时，也可通过 Alpha 通道自主地定义任意形状的选区，通过"选择/载入选区"来加载相应的 Alpha 通道，通过"选择/存储选区"来保存相应的 Alpha 通道作为选区。

5．应用图像

执行"图像/应用图像"菜单命令，可以将两个图层和通道以某种方式合并。通道这种方式多用于图层的合并，但要注意两张图像的大小必须一致，下面以实例说明。

（1）打开两张图像，如图 7.16 所示，其中"地球.jpg"图像的背景是透明的。

图 7.16　应用图像素材

（2）单击"爆炸效果"图像，使其成为当前图像，执行"图像/应用图像"菜单命令，弹出"应用图像"对话框，如图 7.17 所示。

提示："混合"中选择不同的混合模式时，最终合成图像的效果是有所不同的。如果同时有多张图（保证图像的大小一致）时，还可选择适当的图像为其添加蒙版，这时只需选中"蒙版"，然后选择要做蒙版的图像文件即可。在利用通道来合成图像时要注意其通道的选择，也可以对单通道进行合并操作。

（3）由"应用图像"对话框可以看出，目标图像就是当前图像，而且是不可以改变的。在"源"下拉列表框内选择源图像文件，即与目标图像合并的图像文件，此处选择"地球.jpg"。

（4）在对话框的"图层"下拉列表框内选择源图像的图层。如果源图像有多个图层，可选"合并的"选项，即选择所有图层。此处选择"背景"选项，即选中"地球"图像中的"背景"图层。

（5）在对话框的"通道"下拉列表框内选择相应的通道，一般选择 RGB 选项，即选择合并的复合通道，此处选择 RGB 选项。

（6）在对话框的"混合"下拉列表框内选择不同的混合模式，即目标图像与源图像合并时采用的混合方式，以便产生不同的混合效果，此处选择"正片叠底"选项。在"不透明度"文本框内输入不透明度的百分数，表示合并后源图像内容的不透明度，此处使用默认值 100%。

（7）确定是否选中"反相"复选框。选中该复选框后，可以使源图像颜色反相后再与目标图像合并。合并后的图像如图 7.18 所示。

（8）为加入蒙版，单击"应用图像"对话框内的"蒙版"复选框，展开"应用图像"对话框，如图 7.19 所示，可进一步设置相关选项。

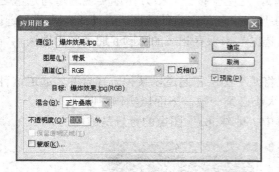

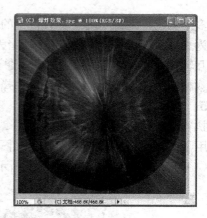

图 7.17　"应用图像"对话框　　　　　　　　　图 7.18　应用图像后的效果图

图 7.19　"应用图像"对话框加入蒙版设置

6．通道运算

执行"图像/计算"菜单命令，可以将两个通道以某种方式合并，实现特殊的效果。

（1）打开两张图像，注意图像大小要一致，如图 7.20 所示。

图 7.20　通道运算素材文件

（2）使"手"成为当前图像，即目标图像，合并后的图像存放在目标图像内。

（3）执行"图像/计算"菜单命令，弹出"计算"对话框，如图 7.21 所示。

（4）"计算"对话框中有两个源图像，每个源图像都有图像、图层和通道三个下拉列表框，还有一个"反相"复选框。它们的作用与上面介绍到的"应用图像"对话框中相应选项的作用一样。"计算"菜单命令的目的是将指定的"源 1"图像通道和"源 2"图像通道合并，生成的图像存放在目标图像的通道或新建的图像中。此处，"源 1"图像为"时钟"图像，"源 2"为"牵手"图像。"图层"下拉列表框内都选择"背景"选项，"通道"下拉列表框内都选择"灰色"选项，都不选择"反相"复选框；"混合"下拉列表框内选择"正片叠底"选项，"不透明度"文本框的值为 100%。

（5）对话框里的"结果"下拉列表框用来决定通道合并后生成图像存放的位置。它有 3 个选项，作用如下。

① "新通道"：合并后生成的图像存放在目标图像的新通道中。

② "新文档"：合并后生成的图像存放在新的图像文件中。

③ "选区"：合并后生成的图像转换为选区，载入目标图像中。

此处选择"新文档"选项。

（6）单击"好"按钮，即生成一个有合并通道的新文档，结果如图 7.22 所示。

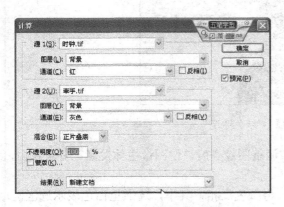 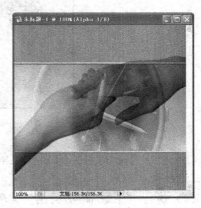

图 7.21　"计算"对话框图　　　　　　图 7.22　合并通道的新文档中图像

（7）单击"计算"对话框内的"蒙版"复选框，展开"计算"对话框，如图 7.23（左）所示，在蒙版中"图像"下拉列表框中选择枫叶图像作为蒙版，合并后的图像如图 7.23（右）所示。

提示： 在"应用图像"和"计算"两个对话框中，均有"混合"下拉列表框，该下拉列表框用于设置两个图像的图层或通道中的图像采用何种混合模式合并，其实质是进行两个图像对应像素的计算。各种混合模式的特点可参考图层相关章节的实训内容。

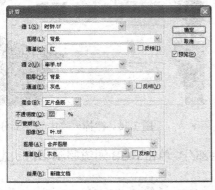 

图 7.23　"计算"对话框（左）与通道计算合并加蒙版效果图（右）

7.2.3 实训步骤

1. 抠取人物图像

(1) 打开人物图片，利用通道精确选取人物，特别是飘逸的长发。

提示： 抠图是图像处理中最常做的工作，但对于与背景交融的图像用选区工具很难达到满意的效果，利用通道中白色区域转化为选区、灰色为半透明选区的功能，可选择对比度大的单色通道进行操作。

(2) 复制背景图层，单击通道面板，在三个单色通道中选择对比明显的一个。在此选择绿色通道，并复制绿色通道，如图 7.24 所示，接下去的操作均针对"绿副本"通道。

图 7.24 复制"绿色通道"

(3) 执行"图像/调整/曲线"菜单命令，调整图像亮度，使图像主体发黑，背景发白，如图 7.25 所示。

(4) 执行"图像/调整/反相"菜单命令，将颜色反相，其中，通道里白色表示选区区域，黑色表示选区外区域，选择"橡皮擦工具"（注意背景为白色），擦掉人物脸部与肩部的黑色部分，结果如图 7.26 所示。

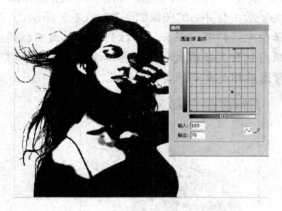

图 7.25 利用"曲线"调整亮度

图 7.26 擦掉人物内黑色部分

(5) 此时手臂的边界不清晰，无法擦掉黑色部分。单击 RGB 通道回到彩色状态，选择"钢笔工具"，绘制手臂的轮廓路径。

(6) 路径闭合后返回"绿副本"通道，将路径转换为选区，填充白色，结果如图 7.27 所示。

（7）回到彩色状态，按 Ctrl 键的同时单击"绿副本"通道，载入选区，复制图像。

（8）新建一图像文件，并粘贴抠出的人物，结果如图 7.28 所示。

图 7.27　完善手臂选区

图 7.28　抠出的人物效果图

2．绘制金属蝴蝶

（1）新建 400×400 像素图像文件，选择"自定义形状工具"，选项栏设置如图 7.29 所示。

图 7.29　自定义形状工具选项栏

（2）设置前景色为深灰色，新建"图层 1"，绘制一个蝴蝶。

（3）新建"图层 2"，载入"图层 1"选区，执行"选择/修改/扩展"（1 像素），填充白色，取消选区，执行"滤镜/模糊/高斯模糊"三次，半径分别为 15、7.5、3.5，结果如图 7.30 所示。

（4）载入"图层 1"选区，新建"Alpha 1"通道，填充白色，在不取消选区的情况下，执行"高斯模糊"三次，半径分别为 18、9、4.5。

（5）不取消选区，新建"图层 3"，按 D 键恢复默认的前、背景色，填充前景色，设置图层混合模式为"滤色"。

（6）取消选区，对"图层 3"执行"滤镜/渲染/光照效果"菜单命令，对话框设置如图 7.31 所示。

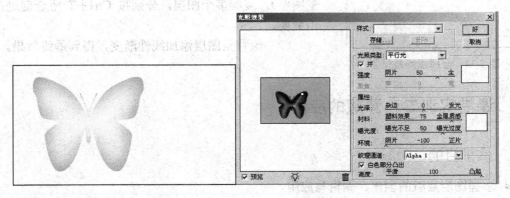

图 7.30　高斯模糊后效果图　　　　　　　图 7.31　"光照效果"对话框

（7）载入"图层 1"选区，新建"图层 4"，填充灰色，执行"滤镜/素描/铬黄"菜单命令，参数设置如图 7.32 所示，并将图层模式设置为"叠加"。

图 7.32 "铬黄渐变"对话框

（8）执行"图像/调整/曲线"菜单命令，调整"图层 4"的亮度，按 Ctrl＋U 组合键打开"色相/饱和度"，为其着色，对话框分别如图 7.33（左）、图 7.33（右）所示。

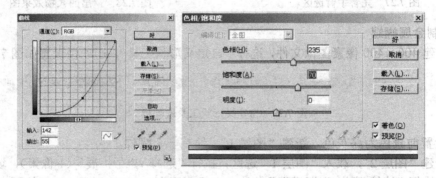

图 7.33 "曲线"对话框（左）与"色相/饱和度"对话框（右）

图 7.34 金属蝴蝶效果图

（9）将背景图层设置为不可见，选择图层菜单的"合并可见图层"，结果如图 7.34 所示。

3．图像合成

操作步骤如下：

（1）将蝴蝶拖入前面建立的文件（注意不要包括背景图层），复制多个图层，分别按 Ctrl＋T 组合键进行自由变换。

（2）给背景图层添加线性渐变，得到最终效果。

7.3 课堂实训二：蒙版的应用

7.3.1 实训目的

- 掌握图层蒙版的创建、编辑与应用。
- 利用渐变图层蒙版实现图像的组合，结合调整图层的亮度设置及自由变换功能，制作如图 7.35 所示的高楼水中倒影效果。

图 7.35 高楼倒影效果图

7.3.2 实训预备

1. 蒙版创建

快速蒙版的创建方法在前面已经介绍过了，在此主要介绍常用的图层蒙版。

如果在图层蒙版中只使用黑白二色，则只应用了它最简单的一部分。其实蒙版具有 256 级灰度，可以在蒙版中设定任何一级灰度，灰度级越高表示应用蒙版的图层被隐藏的像素越多。比如，在某图层的蒙版中使用了30%灰度，则表示该图层70%的像素显示，下一图层的像素有30%透视过来，两层图像都若隐若现。

如果在图层蒙版中使用黑白渐变，则两层图像将在蒙版黑白渐变处形成图像渐变交替区域，可使图像合成时达到更好的融合效果，过渡更加自然，让人感觉更加真实，在许多的图像处理中常使用这种方法来进行图像的过渡。比如在很多校园网站的 logo 上都会有展现其校园风光的多张图片合成的图像，同样在许多影视广告的制作中也会用到渐变蒙版来合成图像。

具体的创建操作如下：

（1）选择要建立蒙版的图层为当前图层。

（2）单击图层面板的"添加图层蒙版"按钮，则在当前图层的右侧出现一个蒙版标识（如果当前有选区存在，则蒙版按选区来建立），如图 7.36 所示。在图层面板中，蒙版图标与当前图层的缩略图之间有一个图层链接标志，表明蒙版与图层之间存在着链接关系，单击链接标识可以解除链接关系。蒙版和图层可以独立操作，操作时应先选中操作对象（图层或蒙版）。图层或蒙版被选中时，在图层面板中的缩略图呈现双边框，如图 7.36 所示的状态是选中了蒙版。

（3）选择黑白渐变，从婚纱照的中间向外设置径向渐变，结果如图 7.37 所示，如要改变照片的显示程度，可随时修改图层蒙版。

图 7.36　创建图层蒙版

图 7.37　设置图层蒙版后效果图

图 7.38　没有使用图层蒙版制作的效果

（4）如直接使用椭圆工具选取婚纱照，设置 10 像素的羽化值，粘贴后的效果如图 7.38 所示，对比两者的合成效果，可发现图 7.37 的融合更显自然，更加漂亮。

提示：背景图层上是不能建立蒙版的，可通过复制背景图层或将背景图层改名为其他图层进行创作。

2．图层蒙版编辑

（1）隐藏图层蒙版。图层蒙版可根据需要暂时关闭，以方便某些操作。选中图层蒙版图标（蒙版图标呈双线边框），按住 Shift 键单击蒙版标识，蒙版图标中出现红色"×"符号，表示蒙版暂时隐藏，不应用于图层上。如再次单击蒙版，即恢复为正常的蒙版应用状态。

（2）删除图层蒙版。选择蒙版，单击"删除图层"按钮 ，在弹出的对话框中选择"应用"则删除图层蒙版但保留蒙版效果；如果选择"不应用"直接删除，则取消图层蒙版的效果。另一种办法是直接右击图层蒙版，选择"扔掉图层蒙版"。

（3）利用蒙版编辑选区。对当前建立的蒙版或已保存为 Alpha 通道的蒙版，可以用各种工具进行编辑。当使用绘图或编辑工具时，使用白色绘制时相当于擦除蒙版，即增大区域，使用黑色绘制时刚好相反，即减小区域。由于绘图工具可以根据需要自行调整大小，绘制很细致的区域，所以可以很方便地利用蒙版来编辑选区。

3．蒙版与选区

对于创建的图层蒙版可以转化为选区，如运用了径向渐变蒙版后的图像，右击图层蒙版，快捷菜单如图 7.39 所示，可将蒙版区域添加到选区、从选区中减去图层蒙版或使图层蒙版与选区交叉。

图 7.39　图层蒙版与选区

7.3.3　实训步骤

（1）打开素材图"高楼.jpg"、"绿水.jpg"，将"绿水.jpg"拖至"高楼.jpg"中，如图 7.40 所示。

（2）选中高楼所在图层，单击图层面板上"创建新的填充或调整图层"按钮 ，在弹出的菜单中选择"亮度/对比度"，设置高楼所在图层的亮度、对比度的值，将高楼层亮度值调大一点，得到如图 7.41 所示的效果。

图 7.40 "高楼和绿水"素材图　　　　　图 7.41 设置"亮度/对比度"调整图层后效果图

（3）选中绿水所在图层，单击图层面板上的按钮 ，创建一个图层蒙版，按 D 键恢复默认的前背景色，选择渐变工具，设置上下的线性渐变，使绿水图层的上部分隐藏，得到如图 7.42 所示的效果。这一步很关键，渐变蒙版效果的好坏直接关系到最后倒影图的真实性。

（4）复制高楼所在图层，将其下面一部分删除，留下高楼部分，再执行"编辑/变换/垂直翻转"，得到如图 7.43 所示的效果。

图 7.42 添加图层蒙版后效果图　　　　　图 7.43 制作倒影

提示： 可以通过快捷键 Ctrl + T 组合键打开自由变换工具，并按住 Ctrl 键来进行切变操作以达到水面倒影的效果。

图 7.44　"海底世界"效果图

（5）更改高楼副本所在图层的透明度，并调整其位置与大小，得到最终效果。

提示： 在两张或多张图片之间进行合并操作时，图像蒙版的使用必不可少，为了使图像之间过渡得更加自然就要适当地使用蒙版。

7.4　课堂实训三：应用综合实例

7.4.1　实训目的

- 掌握运用通道制作特殊字体效果的方法。
- 利用图层蒙版、通道及高斯模糊、光照效果滤镜制作如图 7.44 所示的"海底世界"效果。

7.4.2　实训步骤

1．图像合成

（1）打开如图 7.45 所示的素材图，并将"海豚"拖入"海洋"文件中。

图 7.45　素材图

（2）调整拖入图片的大小和位置，添加图层蒙版，选择画笔工具，调整合适的笔刷大小、流量及不透明度，在图层蒙版上进行涂抹，得到如图 7.46 所示的效果。

提示： 选择画笔工具在蒙版中涂抹时可以通过按键盘上的"["、"]"来调整画笔的大小以达到精微调整合成图像边沿的目的；通过设置画笔的流量及不透明度来调整海豚以外内容的隐藏程度。

2．文字制作

（1）选择文字工具，在图像中输入文字"海底世界"，如图 7.47 所示。

（2）执行"选择/载入选区"菜单命令，进入通道面板，新建"Alpha 1"通道，并将"Alpha 1"通道复制到"Alpha 2"通道。

（3）对"Alpha 2"通道执行"滤镜/模糊/高斯模糊"菜单命令，参数可设置为5左右。

（4）选择"Alpha 1"通道，执行"选择/载入选区"菜单命令，在弹出的对话框中选择载入"Alpha 2"通道，执行"图像/调整/反相"操作，将反相后的选区删除，结果如图 7.48 所示。

图 7.46　添加图层蒙版后效果图

图 7.47　输入文字

（5）回到图层面板，执行"滤镜/渲染/光照效果"菜单命令，在弹出的对话框中选择"Alpha 2"通道，参数设置如图 7.49 所示。

图 7.48　创建"Alpha 1"通道

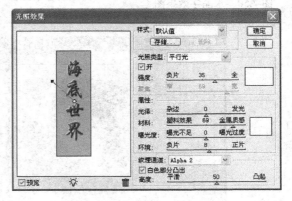

图 7.49　"光照效果"对话框

提示："光照效果"中光源的设置不同，会导致后面的高光部分的效果有所差异，所以这一步的操作可以根据自己的经验自行调整光照的效果。

（6）载入文字选区，选择渐变工具，在选区内设置彩虹渐变效果，使文字变为彩色，得到最终效果。

3. 实训分析

本案例合成的图像效果几乎看不出痕迹，图层蒙版在图像合成的应用由此可鉴。在应用渐变蒙版时选择合适的渐变方式特别重要，同时还要注意渐变过渡的长度与范围，这些均会影响到最终合成的效果。如果应用了一次渐变之后还是无法达到预期的效果，则可以多次应用蒙版。另外，渐变蒙版配合画笔工具可进一步得到各种形状的蒙版，如本例中海豚图层的创建。

通道创建后应用滤镜等效果，再作为选区载入进一步处理，此法常用于制作一些特殊的效果。

提示：通道的主要功能是服务于选区，若想对图像的任意部分进行操作，可利用通道来实现；而蒙版主要用于图像合成时对图像任意部分进行显示和隐藏操作。在 Photoshop CS 中，可以通过"Ctrl + 单击 Alpha 图层"载入 Alpha 通道选区，可以通过"Alt + 单击创建图层蒙版按钮"创建一个以前景色填充的蒙版图层。

习题与课外实训

图 7.50 水晶字效果图

1. 简述通道的概念、通道的分类及各种通道的作用。
2. 简述蒙版的概念，并说明蒙版与通道之间的关系。
3. 利用通道，制作如图 7.50 所示的"水晶字"效果。

提示：

① 载入文字选区，新建"Alpha 1"通道；

② 复制"Alpha 2"通道，执行高斯模糊；

③ 回到图层面板执行光照效果滤镜；

④ 载入文字选区，新建图层，羽化并填充白色，调整其不透明度使其立体感更强。

4. 利用蒙版，完成如图 7.51 所示两张图像的合成，结果如图 7.52 所示。

图 7.51 合成素材图

图 7.52　合成效果图

提示：

① 建立渐变图层蒙版；

② 选择画笔工具，调整蒙版。

5. 利用通道，将如图 7.53 所示的素材合成为如图 7.54 所示的"炫目星座"效果。

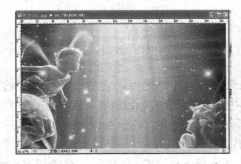 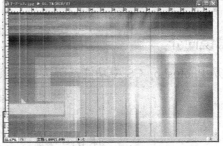

图 7.53　图像素材

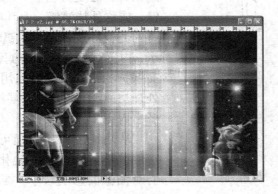

图 7.54　"炫目星座"效果图

提示：

① 调整两张素材，使大小一致；

② 执行"图像/应用图像"命令，设置合适选项；

③ 调整"亮度/对比度"，使整张图像的色彩看起来更协调。

第 8 章　滤镜特效技术

本章概要

1. 滤镜的功能及使用的基本方法；
2. 滤镜的应用技巧、内置 13 个滤镜组的效果及参数简介；
3. 掌握模糊、扭曲、素描、光照效果、风等常用滤镜的功能与应用设置；
4. 滤镜在各种特效文字、背景效果的制作中的典型应用；
5. 外挂滤镜的安装、使用及卸载。

8.1　滤镜概述

8.1.1　滤镜简介

滤镜是 Photoshop CS 中功能最强大、效果最奇特的工具之一，它利用各种不同的算法实现对图像像素的数据重构，产生绚丽多姿、风格迥异的图像效果，在绘制图像时能起到画龙点睛的作用。

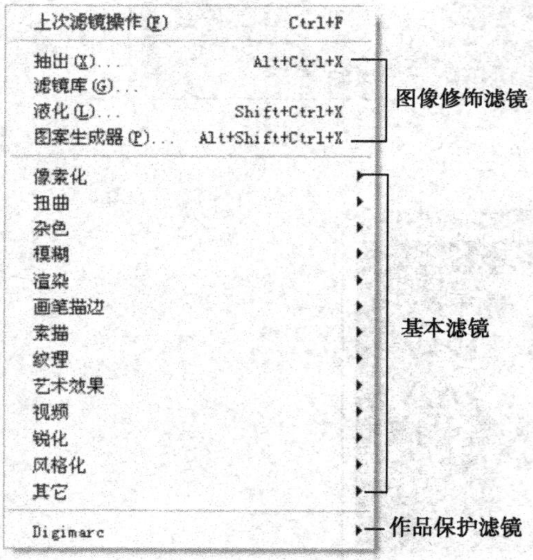

图 8.1　"滤镜"菜单

Photoshop CS 除本身具有的近百种内置滤镜以外，还支持由非 Adobe 公司开发的增效滤镜，或称外挂滤镜，而且可创建自己的滤镜。所有的滤镜都放置在"滤镜"菜单下，如图 8.1 所示，内置滤镜分为基本滤镜、图像修饰滤镜和作品保护滤镜。外挂滤镜用于扩展 Photoshop CS 处理功能，系统根据需要把外挂滤镜程序调入和调出内存。

从功能上看，滤镜可分为两类：一类是矫正性滤镜，如模糊、锐化、视频和杂色等，它们对图像的影响较小，常用于调试对比度、色彩等宏观效果，这种改变有一些是很难分辨出来的；另一类是破坏性滤镜，这类滤镜对图像的改变很明显，主要用于产生特殊的艺术图像效果。

8.1.2　滤镜的使用

滤镜的使用比较简单，但真正应用起来却很难恰到好处，除需有一定的美术功底外，还要对滤镜及参数比较熟悉，甚至需要有很丰富的想象力。滤镜虽然很多，但应用的过程大致相同，一般都需要以下几步。

（1）选择需使用滤镜效果的图层或创建选区。

提示： 滤镜默认应用于整个图层，如果存在选区，则只应用于选区。

（2）在"滤镜"菜单中选择需要使用的滤镜命令。

（3）据预览效果设置合适的参数，确认设置结果。

提示： "确定"执行滤镜命令，"取消"即不执行；按下 Alt 键则"取消"按钮变为"复位"，单击可使参数回到上一次设置的状态。

滤镜在应用中有一些技巧，掌握这些操作，可更高效地使用滤镜：

（1）滤镜只对像素图层发生作用，对文字、形状等矢量图层，一定要转换为像素图层后才能应用滤镜效果。

（2）不同颜色模式使用的滤镜范围不同，如 CMYK 模式不能使用素描、纹理等滤镜，位图、索引模式图像中不能使用滤镜，RGB 模式可使用全部滤镜。

（3）在对某一选区使用滤镜时，要先对选区进行"羽化"，这样才能使用区域内的图像很好地融合到图像中。

（4）使用完一个滤镜，按"Ctrl＋F"组合键，可重复执行上一个滤镜命令。

（5）在处理像素较大的图片时，添加滤镜效果会占用较多内存，处理时间也较长。此时可考虑使用精度较低的图像副本，测试完效果后再决定是否施加给原图；同时设置系统优化，如分配较多的系统资源；并做好图层优化，尽量采用 RGB 模式。

提示： 滤镜的执行效果以像素为单位，滤镜的处理效果与分辨率有关，图像的分辨率不同，处理的效果也不同。

8.2 课堂实训一：卡通字效果制作

8.2.1 实训目的

- 掌握滤镜的基本使用方法。
- 利用通道中设置高斯模糊、旋转扭曲、彩色半调等滤镜效果，创建点状化选区，结合菱形渐变、图案定义与填充、透视效果，制作背景图案；并利用浮雕效果、Alt 移动复制等功能创建立体字，制作如图 8.2 所示的"卡通字"效果。

8.2.2 实训预备

图 8.2 卡通字效果图

1. 模糊滤镜组

模糊滤镜有 11 种，如图 8.3 所示，该组滤镜的主要作用是削弱相邻像素间的对比度，达到柔化图像的目的，使图像看起来具有朦胧的效果。

（1）"模糊"滤镜。该滤镜使图像变得模糊一些，如同在照相机的镜头前加入柔光镜所产生的效果。该滤镜是单步操作滤镜，一般需对图像施加多次"模糊"才能得到满意的效果。

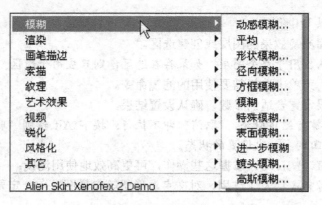

图 8.3 模糊化滤镜组

（2）"进一步模糊"滤镜。该滤镜的模糊效果约为"模糊"滤镜的 3～4 倍。

上述两种滤镜的效果都是为了消除图像中颜色明显变化处的杂色，使图像看起来更加朦胧，只是在程度上有一定差别。

（3）"高斯模糊"滤镜。使用较为广泛，能产生较为强烈的模糊效果，可通过设置模糊半径值（0.1～250.0 像素）自由地控制模糊程度，值越小模糊效果越弱。如图 8.4 所示为设置"高斯模糊"前后的效果比较（模糊半径为 5）。

图 8.4 设置"高斯模糊"前后效果比较

（4）"动感模糊"滤镜。该滤镜用于产生高速运动时的模糊效果，它允许控制模糊的方向和模糊的强度。如图 8.5 所示为其对话框，"角度"用于控制动感模糊的方向，即产生运动的方向效果；"距离"用于控制像素移动的距离。

（5）"径向模糊"滤镜。该滤镜可产生沿径向伸缩或绕某中心旋转运动的图像。如图 8.6 所示为其对话框，"数量"设置模糊的强度；"模糊方法"区域可设置模糊的方式，有旋转和缩放两个效果选项；"品质"区域的设置可控制模糊质量，"最好"可产生最光滑的模糊效果，"草图"执行速度最快，但却有颗粒，"好"介于两者之间。

（6）"特殊模糊"滤镜。该滤镜的作用是模糊图像的低对比度部分而保留边缘不变，根据模式的不同可以产生不同的模糊效果。

（7）"镜头模糊"滤镜。可对图像进行特殊的模糊，如设置深度映射、模糊光圈、镜头高光、杂色等，通过相关参数的调整来制作不同的模糊效果。

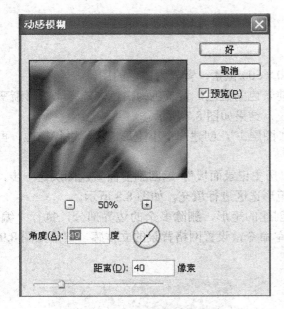

图 8.5 "动感模糊"对话框   图 8.6 "径向模糊"对话框

（8）"表面模糊"滤镜。该滤镜只在 Photoshop CS 中可用，模糊图像时保留图像边缘，可用于创建特殊效果，以及用于去除杂点和颗粒。

（9）"形状模糊"滤镜。该滤镜只在 Photoshop CS 中可用，使用指定的图形作为模糊中心进行模糊。

（10）"方框模糊"滤镜。该滤镜以邻近像素颜色平均值为基准模糊图像，对于创建特效非常有用。

（11）"平均"滤镜。运用该滤镜后图像将以整体中的主色调来进行整张图像的模糊。

2．像素化滤镜组

像素化滤镜共有 7 个，该组滤镜的作用是将图像分块进行分析处理，使图像分解成各种不同的色块单元。

（1）"彩块化"滤镜。该滤镜可对图像的色素块进行分组和变换，将图像中的原色与相似颜色的像素组合成许多小的彩色像素块，以产生手工绘制的图像效果。

（2）"彩色半调"滤镜。该滤镜可产生半调网格的网络，形成铜版画似的图像效果。

（3）"晶格化"滤镜。使用该滤镜使图像看起来像由一块块的多边形晶状物组成。

（4）"点状化"滤镜。使用该滤镜将图像分解为随机的小块，在空隙内用背景色填充，形成一种点画图像效果。

（5）"碎片"滤镜。该滤镜先将原图像复制一次，再将它进行平均和偏移，并降低不透明度，产生一种不聚焦的模糊效果。

（6）"铜板雕刻"滤镜。该滤镜可在图像中随机产生各种不规则的点和线条，模拟出版刻画的粗放效果。

（7）"马赛克"滤镜。使用该滤镜能使图像变换为规则统一、排列整齐的方形色块（称为单元格），产生马赛克效果。

8.2.3 实训步骤

1. 制作背景

（1）按"Ctrl＋N"组合键新建一个 600×600 像素，背景为白色的图像。

（2）设置前景色为蓝色，背景色为白色，选择"菱形渐变"，从中心向边角拉，结果如图 8.7 所示。

（3）新建"图层 1"，创建一个小矩形选区，进行描边，再扩展选区。

（4）单击"历史记录面板"，返回到前面新建图层这一步，定义图案，创建矩形选区进行填充，如图 8.8 所示。

（5）框选创建的矩形，删除多余的边界部分，执行"编辑/变换/透视"菜单命令，设置网格背景的立体感，结果如图 8.9 所示。

图 8.7　填充菱形渐变

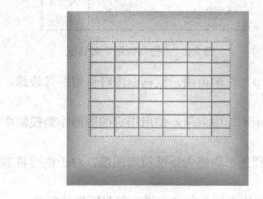

图 8.8　图案定义与填充

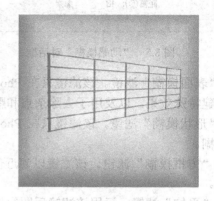

图 8.9　透视效果图

（6）进入通道面板，创建"Alpha 1"新通道，在通道中绘制椭圆并填充白色，取消选择。

（7）执行"滤镜/模糊/高斯模糊"菜单命令（模糊半径值可为 40），得到如图 8.10 所示的效果。

（8）执行"滤镜/扭曲/旋转扭曲"菜单命令，对通道中的白色区域进行扭曲设置，如图 8.11 所示。

图 8.10　高斯模糊效果图

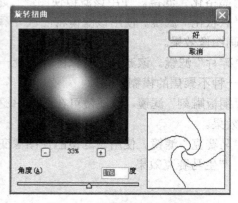

图 8.11　"旋转扭曲"对话框

（9）执行"滤镜/像素化/彩色半调"菜单命令，设置点状化的效果，设置如图 8.12（左）所示，得到如图 8.12（右）所示的效果。

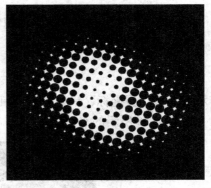

图 8.12 "彩色半调"对话框（左）和彩色半调效果图（右）

（10）按 Ctrl 键单击 Alpha 1 载入选区，回到图层面板，新建"图层 2"，选择合适的颜色（参考值为6b0101）进行填充，得到如图 8.13 所示的效果。

提示： 彩色半调值的设置决定了制作的背景中半调网格的大小。

2．制作立体字

（1）选择文字工具，设置合适的字体和大小，颜色为红色，输入数字 9，栅格化文字图层。

（2）执行"滤镜/风格化/浮雕效果"菜单命令，使文字具有一定的立体感，设置如图 8.14 所示。

（3）为使文字具有一定的厚度，可按住 Alt 键再移动上下左右键来实现，最终得到如图 8.15 所示的效果，合并所有的文字图层。

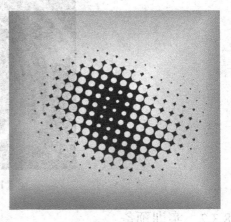

图 8.13 填充选区

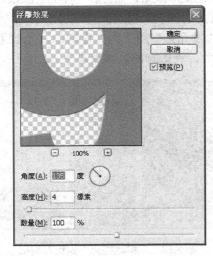

图 8.14 "浮雕效果"对话框   图 8.15 增加文字厚度

（4）执行"编辑/变换/透视"菜单命令，调整制作的网格背景的大小和位置及其不透明度，多复制几个文字，调整其大小位置，得到最终结果。

8.3 课堂实训二：水晶花朵制作

8.3.1 实训目的

● 利用波浪、极坐标、铬黄、旋转扭曲滤镜，结合渐变、色阶调整、图层混合模式，绘制如图 8.16 所示的水晶花朵效果。

图 8.16 "水晶花朵"效果图

8.3.2 实训预备

本节主要介绍扭曲滤镜组，共有 13 个，如图 8.17 所示。该组滤镜能对图像进行几何变形处理，改变原图像的像素分布状态，生成三维或其他变形效果，如位移、球面、波浪、扭曲等。

（1）"扩散亮光"滤镜。该滤镜可散射图像上的高光，生成一种发光效果，对话框如图 8.18 所示，"粒度"可为图像增加沙粒效果；"发光量"用于为图像增加发光效果；"清除数量"用于控制图像中受滤镜影响的范围，值越大，受影响的区域就越小。

图 8.17 扭曲滤镜组

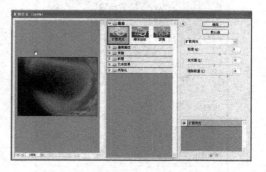

图 8.18 "扩散亮光"滤镜对话框

（2）"置换"滤镜。该滤镜可以使图像弯曲、粉碎和扭曲，不过其结果有一定的随机性，使用该滤镜需要有两个文件才能执行。下面以一个实例加以说明。

① 打开两个素材文件，如图 8.19 所示，左边的素材作为置换图。

图 8.19　素材图片

提示： Photoshop CS 系统自带了许多置换图，这些置换图在 "\Adobe\Photoshop CS\增效工具\置换图" 文件夹下，使用 "置换" 滤镜也可以使用这些置换图。

② 执行 "滤镜/扭曲/置换" 菜单命令，对话框如图 8.20 所示，设置合适的参数。

提示： "水平比例" 和 "垂直比例" 用于决定图像像素在水平和垂直方向根据置换图的颜色值移动的程度。"置换图" 设置匹配方式，"伸展以适合" 可变换置换图的大小，以使它匹配图像的大小；"拼贴" 则重复图案匹配。"未定义区域" 用于控制超出屏幕的区域，"折回" 将反绕图像，使之显示在屏幕的另一边；"重复边缘像素" 可将超出部分的图像像素分布在图像的边缘。

③ 单击 "好" 按钮，在弹出的对话框窗口中选择转换图（图 8.19（右）），得到如图 8.21 所示效果。

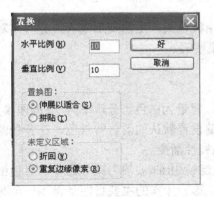

图 8.20　"置换" 对话框

图 8.21　置换后效果图

（3）"玻璃" 滤镜。该滤镜可以产生透过玻璃观察图片的效果，具体的参数可根据预览效果调整设置。

（4）"海洋波纹" 滤镜。该滤镜可产生图像被淹没在水中的效果，图像表面有波纹感。该滤镜产生的效果与 "玻璃" 滤镜产生的效果很相似，可设置 "波纹大小" 及 "波纹幅度"。

（5）"挤压" 滤镜。该滤镜用于设置向内或向外挤压图像的效果。

（6）"水波" 滤镜。该滤镜能使图像发生径向扭曲，产生类似于向池塘中投掷石头所形成的涟漪效果，它非常适合制作同心圆类的波纹。

（7）"波纹"滤镜。使用该滤镜可产生水波纹的效果。

（8）"极坐标"滤镜。该滤镜能使图像以平面坐标或极坐标的分布方式产生挤压效果。

（9）"切变"滤镜。该滤镜可以通过建立特殊的曲线形态来弯曲图像，对话框如图 8.22 所示，可任意设置曲线形状来扭曲图像。

（10）"球面化"滤镜。使用该滤镜可以将选区转化成球形。

（11）"旋转扭曲"滤镜。使用该滤镜可以产生旋转的效果，旋转中心就是物体或选区的中心。在对话框中可设置旋转的角度，为正数时做顺时针旋转，为负数时做逆时针旋转。

（12）"波浪"滤镜。该滤镜通过设定不同的波长来产生不同的波动效果。对话框如图 8.23 所示，"生成器数"用于控制波源数，数值越大，产生的波就越多，变形效果就越大；另外还可以设置"波长"和"波幅"的大小；"比例"设定波在纵向和横向的缩放幅度；在"类型"区可选择波的类型，有 3 种选择：正弦波、三角波和方形。

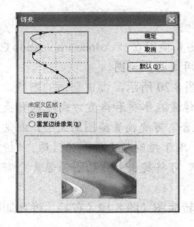

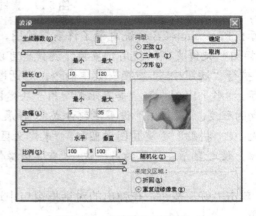

图 8.22　"切变"对话框　　　　　　　图 8.23　"波浪"对话框

（13）"镜头校正"滤镜。该滤镜用于校正一般相机镜头产生的变形失真，尤其是对桶形变形、枕形失真、晕影和色彩失真等现象的处理效果明显。

8.3.3　实训步骤

（1）按 Ctrl＋N 组合键新建一个 500×500 像素，背景为白色，分辨率为 72 的图像文件。

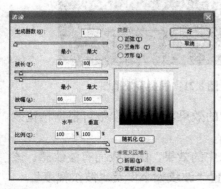

图 8.24　"波浪"对话框

（2）按 D 键设置默认的前、背景色，在背景图层中填充垂直方向的线性渐变。

（3）执行"滤镜/扭曲/波浪"菜单命令，对话框设置如图 8.24 所示，这一操作的主要目的是得到一个花瓣，可根据需要自主调整。

（4）执行"滤镜/扭曲/极坐标"菜单命令，对话框如图 8.25 所示，将所得到的三角形的花瓣进行扭曲变形为一朵花的形状。

（5）执行"滤镜/素描/铬黄"菜单命令，对话框设置如图 8.26 所示，这一操作的主要目的是使绘制的花朵有一定的水晶质感。

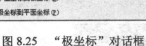
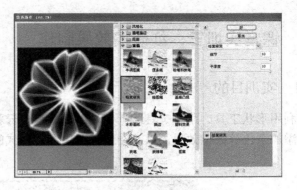

图 8.25 "极坐标"对话框　　　　　　　　　图 8.26 "铬黄"对话框

提示："铬黄"滤镜主要用于将图像处理成好像是擦亮的铬黄表面，使之前绘制的花朵的高光在反射表面是高点，低光在反射表面是低点。

（6）执行"图像/调整/色阶"菜单命令，对话框的设置如图 8.27 所示，增加图像的对比度。

（7）执行"滤镜/扭曲/旋转扭曲"菜单命令，设置如图 8.28 所示，对绘制的花形进行一定的扭曲变形。

（8）新建"图层 1"，将图层混合模式改为"颜色"，填充色谱线性渐变，得到最终效果，如果填充不同的渐变颜色会得到不同的效果。

提示：也可用画笔工具，将画笔的模式改为颜色，在背景层中进行拖动可得到同样的效果。同样，在第（3）步中波浪对话框的参数设置不同，也会有不一样的效果，如图 8.29 所示即为各种不同参数时的效果。

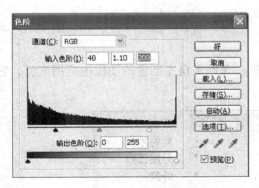
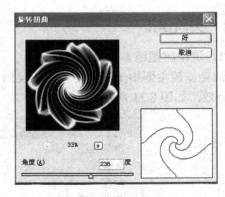

图 8.27 "色阶"对话框　　　　　　　　图 8.28 "旋转扭曲"对话框

图 8.29 不同"波浪"参数的效果图

8.4 课堂实训三：红砖墙效果制作

8.4.1 实训目的

利用形状工具、路径工具绘制砖块效果，结合云彩、颗粒、USM 锐化、干画笔、光照效果、添加杂色等滤镜效果，以及通道及图层混合模式的设置，绘制如图 8.30 所示的红砖墙效果。

图 8.30 红砖墙效果图

8.4.2 实训预备

1. 渲染滤镜组

渲染滤镜主要用于产生各种云彩及照明效果，在许多自主创意的图像中应用广泛，它有 5 种特效，如图 8.31 所示。

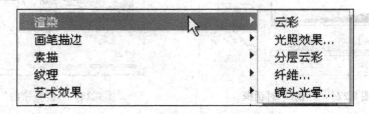

图 8.31 渲染滤镜组

（1）"云彩"滤镜。该滤镜可将处于前景色与背景色之间的随机像素值转换为柔和的云彩效果，是单步操作滤镜。在操作时，先按下 Shift 键，再选择"云彩"滤镜，可产生柔和的云彩效果；若按下 Alt 键，再选择"云彩"滤镜，可产生较为清晰的云彩效果。

（2）"光照效果"滤镜。该滤镜可以针对图像制作灯光照射的效果，其控制和变化效果相对较复杂。如图 8.32 所示的对话框，左边是光照调整视图部分，也是预览部分，用于改变光照的方向、照射强度及照射区域，其中的中心圆点为聚焦点，周围有一个带控制柄的椭圆，通过鼠标拖动椭圆控制柄或中心点，可以改变光的强度、方向及照射区域；拖动对话框底部的灯光到预览图框，可增加光源；取消已有的光源，可直接把代表光源的小空心圆拖到"垃圾桶"。对话框右边是各种光照效果的相关参数选项，各选项作用如下。

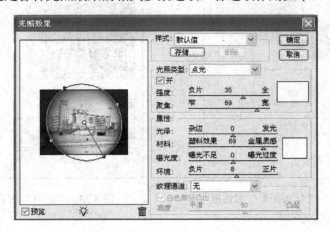

图 8.32　"光照效果"对话框

- 光照类型：该选项只有在"开"复选框选中后才有效，可选择点光、平行光、全光源。"强度"用于控制光源的强度；"聚焦"选项只有在光线类型为"点光"时有效，用于改变光线范围。
- 属性：设置光源属性，包括光泽、材料、曝光度、环境等属性设置。"光泽"用于确定反光程度，滑块移向"杂边"方向，反射降低；滑块移向"发光"方向，表面光滑。"材料"用于决定从图像表面反射光线的色彩是以光源色还是以物体色为主，滑块移向"塑料效果"一侧反射光源的色彩，滑块移向"金属材质"一侧反射图像物体的色彩。"曝光度"调节光线的明暗程度。"环境"设置其他环境光源对光照效果的影响，这种光是弥散性的，均匀地照射到图像画面各处，正片表示环境光线较强，阴片表示环境光线较弱。
- 纹理通道：允许将图像的任何一个通道看成是一个纹理图或创建纹理。在该选项栏中可使图像产生一种浮雕效果（使用黑色上有白色文本的通道）。

（3）"分层云彩"滤镜。该滤镜应用时先做云彩滤镜效果，然后可根据图像编辑的需要将图像应用命令。

（4）"镜头光晕"滤镜。该滤镜可在图像中生成摄像机镜头的眩光效果，可调节光源位置及强度。如图 8.33 所示为"镜头光晕"对话框，"亮度"用于控制光线的强度，"镜头类型"可选择不同的镜头。在中间的预览窗中可以看到一个十字光标，用于确定光晕的中心，可直接用鼠标拖动该十字光标即可调整光晕的中心以调整光源的位置。

（5）"纤维"滤镜。"纤维"滤镜用于形成一种类似于纤维的效果，如图 8.34 所示为其对话框，"差异"选项调节以前景色与背景色产生的纤维状图像覆盖原图，左边背景色多，右边前景色多；"强度"可调节产生纤维的强度；"随机化"按钮可以随机地产生纤维图像。

图 8.33 "镜头光晕"对话框

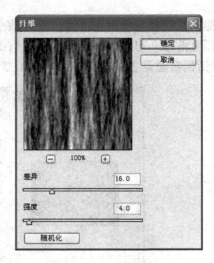

图 8.34 "纤维"对话框

2. 纹理滤镜组

纹理滤镜组用于在图像上产生纹理效果，使用"纹理"滤镜可使图像表面具有深度感或物质感，或添加一种器质外观。纹理滤镜包括拼缀图等 6 种滤镜效果，如图 8.35 所示。这些滤镜中有一部分使用起来效果明显，看起来比较舒服，尤其用做艺术作品的背景，更是得心应手，可通过替换像素、增强像素的对比度，使图像纹理产生加粗、夸张的效果。

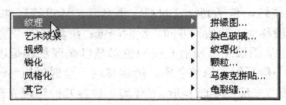

图 8.35 纹理滤镜组

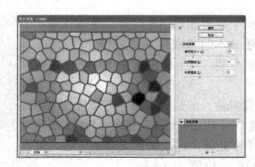

图 8.36 "染色玻璃"效果图

（1）"拼缀图"滤镜。该滤镜可产生建筑瓷片的拼贴效果，可设置瓷片的尺寸大小及凸显程度。

（2）"染色玻璃"滤镜。使用该滤镜可将图像变成不规则的彩色玻璃格子般的图案效果，如图 8.36 所示。

（3）"纹理化"滤镜。该滤镜可在图像中加入各种式样的纹理，产生具有一定材质感的效果。

（4）"颗粒"滤镜。该滤镜能按特定方式在图像中随机产生颗粒状的纹理，可设置颗粒的密度、调节图像的对比度及颗粒的类型。

（5）"马赛克拼贴"滤镜。该滤镜能产生马赛克状的图案效果，它所生成的马赛克排列分布均匀，但形状不规则。

（6）"龟裂缝"滤镜。使用该滤镜能使图像生成凹凸不平的裂纹效果，可设置裂缝的间距、深度、亮度等。

8.4.3 实训步骤

1. 绘制红砖墙雏形

（1）按"Ctrl＋N"组合键新建一个 1024×768 像素的文件，将背景图层填充淡灰色。

（2）设置前景色为#D89D4E，选择"矩形工具" ▭，选项栏上选中"形状图层" ▣，在画布的左上角绘制如图 8.37 所示的图形，得到形状图层"形状 1"。

（3）选择"路径选择工具" ▸，选择刚才绘制的路径，按 Ctrl＋Alt＋T 组合键调出自由变换复制控制框，按 Shift 键进行水平拖动，按 Enter 键确认变换操作，按"Ctrl＋Shift＋Alt＋T"组合键操作多次，得到如图 8.38 所示的结果。

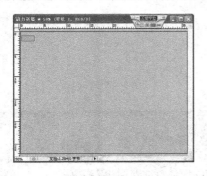
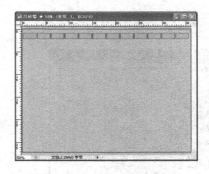

图 8.37　绘制形状 1　　　　　　图 8.38　多次变换后效果图

（4）利用自由变换及移动工具复制并拖动形状图层，得到如图 8.39 所示的一面红砖墙的效果，将红砖墙所在图层全部合并到"形状 1"图层。

（5）为"形状 1"图层添加"斜面与浮雕"图层样式，参数设置如图 8.40 所示，使红砖墙有一定的立体感。

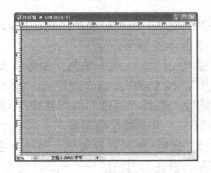
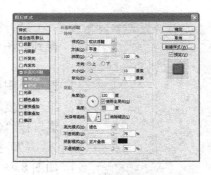

图 8.39　红砖墙雏形　　　　　　图 8.40　"斜面与浮雕"对话框

2. 添加纹理

（1）将前景色设置为# 49381D，背景色设置为# 8E6E3F，新建"图层 1"，执行"滤镜/渲染/云彩"菜单命令，得到如图 8.41 所示的效果。

（2）执行"滤镜/纹理/颗粒"菜单命令，对话框设置如图 8.42 所示。

（3）再执行"滤镜/锐化/USM 锐化"菜单命令，对话框设置如图 8.43 所示。

（4）执行"滤镜/艺术效果/干笔画"菜单命令，对话框设置如图 8.44 所示。

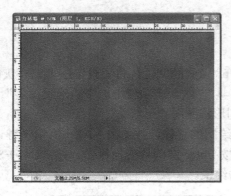

图 8.41　云彩效果

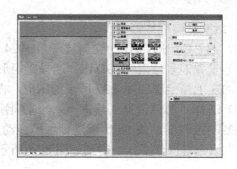

图 8.42　"颗粒"对话框

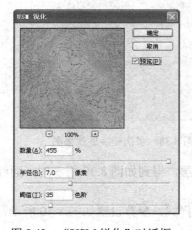

图 8.43　"USM 锐化"对话框

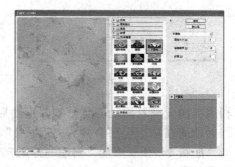

图 8.44　"干笔画"对话框

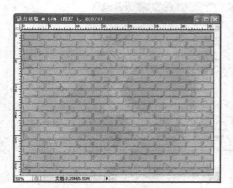

图 8.45　添加干笔画后效果

（5）将"图层 1"的图层混合模式设置为"叠加"，得到如图 8.45 所示的效果。

（6）新建"图层 2"，填充灰色（参考值 8D8D8D），选中"图层 1"，按 Ctrl＋A 键全选图像，按"Ctrl＋C"组合键复制图像，选择"通道"面板新建"Alpha 1"通道，按"Ctrl＋V"组合键粘贴图像。

（7）执行"滤镜/渲染/光照效果"菜单命令，对话框如图 8.46 所示，设置为白色的平行光，并选中"Alpha 1"通道作为纹理通道。

（8）将"图层 2"的图层混合模式设置为"叠加"，得到如图 8.47 所示的效果。

（9）新建"图层 3"，填充灰色，执行"滤镜/渲染/光照效果"菜单命令，对话框如图 8.48 所示，设置为白色的点光。

（10）将"图层 3"的混合模式改为"颜色加深"，"不透明度"改为 50%，得到如图 8.49 所示的效果。

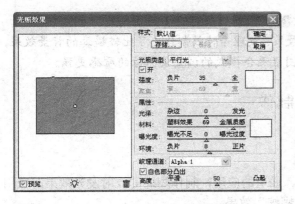

图 8.46 "光照效果"对话框

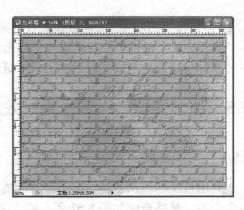

图 8.47 添加光照效果图

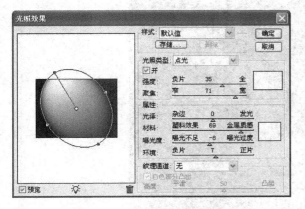

图 8.48 "光照效果"对话框

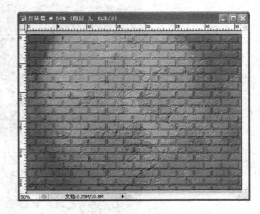

图 8.49 更改图层混合模式后效果图

（11）新建通道"Alpha 2"，执行"滤镜/杂色/添加杂色"菜单命令，对话框如图 8.50 所示。

（12）新建"图层 4"，填充灰色（参考颜色值 808080），执行"滤镜/渲染/光照效果"菜单命令，对话框如图 8.51 所示，设置为白色的平行光，"Alpha 2"为纹理通道。

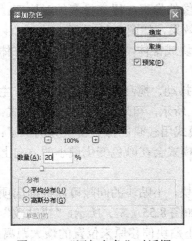

图 8.50 "添加杂色"对话框

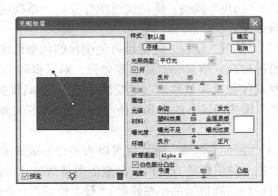

图 8.51 "光照效果"对话框

（13）将"图层4"的混合模式设置为"叠加"，得到最终的红砖墙效果。

提示： 该实例充分利用了滤镜中的光照效果、纹理等特效制作出了比较逼真的背景效果，同时在红砖墙的雏形绘制好后又利用通道和图层混合模式的调整使图像的质感更强。

8.5 课堂实训四：深水蝴蝶效果制作

8.5.1 实训目的

利用极坐标、风滤镜，配合画布的旋转、通道的应用，制作蝴蝶的放射发光效果，应用自由变换，最终合成如图8.52所示的"深水蝴蝶"效果。

图 8.52 深水蝴蝶效果图

8.5.2 实训预备

1. 风格化滤镜组

风格化滤镜组的主要作用是移动所要操作范围内图像的像素，提高像素的对比度，用于创建印象派及其他作品的效果，它包括凸出等9种滤镜效果，如图8.53所示。

（1）"凸出"滤镜。该滤镜将图像分成一系列的三维块或锥体，生成的图像具有立体背景的拼合效果。

（2）"扩散"滤镜。该滤镜可使图像的色彩边缘发生抖动，搅乱选区中的像素，产生如同透过磨砂玻璃观察景物时的模糊效果。对话框如图 8.54 所示，可选择不同的扩散模式："正常"模式使像素随机移动，忽略颜色值；"变暗优先"模式用较暗的像素替换亮的像素；"变亮优先"模式用较亮的像素替换暗的像素；"各向异性"模式会在颜色变化最小的方向上搅乱像素。

（3）"拼贴"滤镜。该滤镜可以将图像分成许多小贴块，小贴块的间隙可以根据选项来设定，产生一种由瓷砖方块拼贴出来的图像效果。对话框如图 8.55（左）所示，"拼贴数"用于确定每行和每列显示的小贴块数；"最大位移"用于确定小贴块偏移原来位置的最大距离；"填充空白区域用"栏用于确定空隙的填充，设置后效果如图 8.55（右）所示。

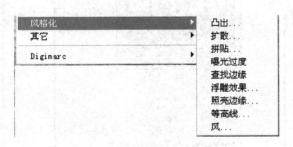

图 8.53　风格化滤镜组　　　　　　　　图 8.54　"扩散"滤镜对话框

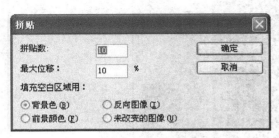

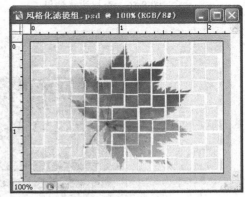

图 8.55　"拼贴"对话框（左）与拼贴效果图（右）

（4）"曝光"过度。该滤镜用于混合负片和正片图像，类似于显影过程中将摄影照片短暂曝光的效果。

（5）"查找边缘"滤镜。该滤镜用于使图像看起来像用铅笔勾画过的轮廓一样。其原理是搜索颜色变化比较强烈的边界，并强化其过渡像素，去除内部图像的颜色，从而达到轮廓突出的效果。如图 8.56 所示为设置查收边缘后的效果。

（6）"浮雕效果"滤镜。该滤镜用于勾画图像的边界并降低周围的颜色值，从而产生浮出的效果，对话框如图 8.57 所示，"角度"用于产生浮雕时的光源方向；"高度"用于控制凸起的高度数值，数值越小，产生的效果越清晰，数值越大，图像越模糊；"数量"用于决定分配给边界黑色和白色像素的数量。

（7）"照亮边缘"滤镜。该滤镜通过亮化边缘和暗化其他部分来产生发光效果，在如图 8.58 所示的对话框中，可分别设置被照亮的图像的边缘宽度、边缘亮度和平滑度。

（8）"等高线"滤镜。"等高线"滤镜会沿亮区和暗区边界勾画出一条较细的线，产生一种线描绘的效果。

（9）"风"滤镜。该滤镜用于使图像产生风吹的效果，可设置风吹的强度及风吹的方向。

图 8.56 查找边缘效果

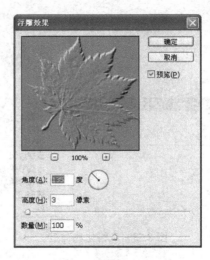

图 8.57 "浮雕效果"对话框

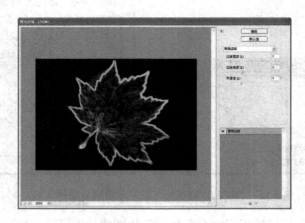

图 8.58 "照亮边缘"对话框

2．锐化滤镜组

锐化滤镜组的使用能增强相邻像素间的对比度，使图像轮廓分明，产生清晰的效果，与模糊滤镜的效果刚好相反。一般来说，通过执行"图像/图像大小"菜单命令，或执行"编辑/自由变换"菜单命令缩小图像后，使用锐化滤镜能够使图像变得更加清晰。该滤镜组包括 USM 锐化等 5 种锐化滤镜，如图 8.59 所示。

（1）USM 锐化滤镜。该滤镜是采用模糊的负片与原片（正片）的结合来加强图像的边界效果。USM 既可以锐化图像的边缘，也可以锐化整个图像或指定的区域，它能实现其他 3 种锐化滤镜同样的功能，而且使用更为灵活，是一个很常用的滤镜。"USM 锐化"滤镜用于校正摄影、扫描、重新取样或打印过程产生的模糊，特别是对既用于打印又用于联机查看的图像很有用。如图 8.60 所示为"USM 锐化"对话框，"数量"用于控制锐化的强度，值越大，锐化效果越明显；"半径"用于确定锐化边缘的宽窄，值越小，则锐化就越靠近图像的边缘，一般而言，如果只是设计屏幕图像，则可取一个较小的值，比如说 0.5；中等分辨率的打印图像则可设在 1.0 左右，高分辨率图像（300dpi 以上）一般高在 2.0 左右；"阈值"用于指定相近像素之间的比较值，可以用于防止整个图像或选择区域被过度锐化，取值越低则锐化效果作用的像素越多，取值越高，则受影响的像素也会越少。

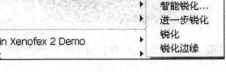

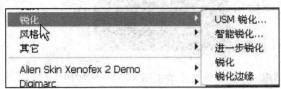

图 8.59 锐化滤镜组   图 8.60   "USM 锐化"对话框

（2）"锐化"滤镜。该滤镜通过增加相邻元素的对比度来达到锐化。

（3）"进一步锐化"滤镜。使用该滤镜能产生比锐化更强的锐化效果。

（4）"锐化边缘"滤镜。该滤镜只是锐化图像的边缘，其中图像的边缘是指具有强烈对比度的区域。

（5）"智能锐化"滤镜。使用该滤镜可以更加细致地调整图像的锐化效果，可控制阴影和高光中的锐化量。

8.5.3 实训步骤

（1）打开图片素材，将"蝴蝶 1"、"蝴蝶 2"分别拖入到"深水.JPG"中，并调整其大小和位置，得到如图 8.61 所示的效果。

图 8.61 拖入蝴蝶

（2）选择"图层 1"，按 Ctrl 键载入选区，单击通道面板，单击■按钮将选区存储为通道。

（3）取消选区，将蝴蝶移动到画面中间，执行"滤镜/扭曲/极坐标"菜单命令，设置如图 8.62（左）所示，再执行"图像/旋转画布/顺时针旋转 90°"菜单命令，得到如图 8.62（右）所示的效果。

（4）执行"滤镜/风格化/风"菜单命令，按"Ctrl＋F"组合键多次进行"风"滤镜操作，得到如图 8.63 所示的效果。

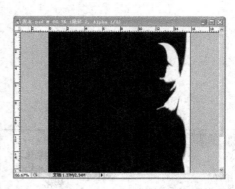

图 8.62　"极坐标"对话框（左）与旋转后效果图（右）

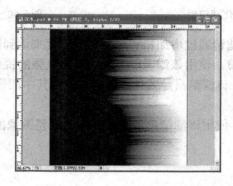

图 8.63　设置风滤镜后效果图

（5）执行"图像/旋转画布/逆时针 90°"菜单命令，将画布还原。再执行"滤镜/扭曲/极坐标"菜单命令，如图 8.64 所示，产生漫射光线的效果。

（6）按住 Ctrl 键单击"Alpha 1"通道，将其载入选区，回到图层面板新建"图层 3"，将前景色设置为白色，然后按"Ctrl＋Delete"组合键填充，取消选择，调整其大小，并调整其图层顺序，将其放置在蝴蝶图层下方。

（7）采用同样的方法为另一只蝴蝶制作一种放射发光的效果。调整其大小与位置。为使整个图像的色彩看起来更加协调，可以在背景层上加一个调整图层，如图 8.65 所示，得到最终效果。

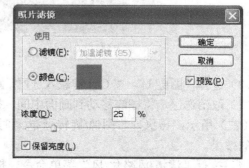

图 8.64　"极坐标"对话框　　　　　　　　　　　　图 8.65　添加调整图层

8.6 课堂实训五：飞雪迎松效果制作

8.6.1 实训目的

利用绘图笔、模糊滤镜创建雪花效果，结合色彩范围、图层不透明度设置等功能，绘制如图 8.66 所示的飞雪迎松效果。

图 8.66 飞雪迎松效果图

8.6.2 实训预备

1. 素描滤镜组

素描滤镜组主要是用于模拟素描、速写等手工和艺术效果，包括铬黄等 14 种滤镜效果，如图 8.67 所示。这类滤镜中的大多数滤镜都要配合前景色和背景色来使用，所以在使用这些滤镜之前最好先设计好合适的前景色和背景色，同时应用这类滤镜时如果在图像中加入底纹会产生立体效果。

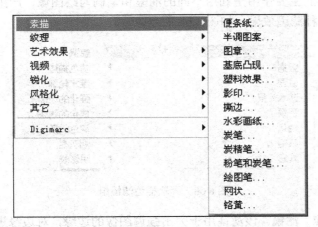

图 8.67 素描滤镜组

（1）"便条纸"滤镜。该滤镜用于产生用手工制作的纸张构建图形的效果，图像中的暗区将凹陷，而突出显示亮区。

（2）"半调图案"滤镜。该滤镜能使图像在保持连续色调范围的同时，模拟半色调网屏的效果。在制作老旧的身份证效果，该滤镜非常有用。

（3）"图章"滤镜。该滤镜常用于简化图像，使之呈现用橡皮或木制图章盖印的效果。

（4）"基底凸现"滤镜。该滤镜常用于变换图像，使之呈浅浮雕的雕刻状和突出光照下变化各异的表面。图像的暗调区呈现前景色，而亮调区使用背景色。

（5）"塑料效果"滤镜。该滤镜用于产生按 3D 塑料效果塑造的图像，由前景色和背景色构成图像效果，暗区凸起，亮区凹陷。

（6）"影印"滤镜。该滤镜用于模拟影印图像的效果，分别用前景色、背景色显示图像的亮调区、暗调区。

（7）"撕边"滤镜。该滤镜用于使图像呈粗糙、撕破的纸片状效果。

（8）"水彩画纸"滤镜。该滤镜用于产生在潮湿的纤维纸上涂画的效果，使颜色流动并混合。

（9）"炭笔"滤镜。该滤镜用于产生用碳笔绘制的色调分离、涂抹的效果，图像主要边缘用粗线绘制，而中间色则用对角描边绘制。

（10）"炭精笔"滤镜。该滤镜用于模拟浓黑和纯白的炭精笔纹理，在暗区采用前景色，在亮区采用背景色。

（11）"粉笔和炭笔"滤镜。该滤镜用于模拟使用粗糙的白色粉笔绘制高光和中间色调，而用黑色的对角炭笔线条绘制阴影区域。

（12）"绘图笔"滤镜。该滤镜用于产生一种类似于素描的效果，用细的油棉线条获取原图像中的细节，图像中暗调区域将产生较多线条，而高光区则较少。

（13）"网状"滤镜。该滤镜可以模拟胶片乳胶的可控制收缩和扭曲来创建图像，使之在暗区呈结块状，在高光区呈轻微颗粒化。

（14）"铬黄"滤镜。该滤镜用于将图像处理成好像是擦亮的铬黄表面。高光在反射表面上是高点，暗调是低点。在应用完这个滤镜后，还可通过"色阶"对话框增加图像的对比度。

2．画笔描边滤镜组

画笔描边滤镜组的主要作用是利用不同的油墨和笔刷勾绘图像，产生涂抹的艺术效果，包括强化的边缘等 8 种滤镜效果，如图 8.68 所示。

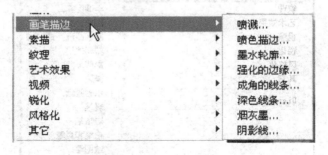

图 8.68　画笔描边滤镜组

（1）"强化的边缘"滤镜。该滤镜用于突出强调图像的边缘，对边缘进行加粗、加亮以及粗糙化处理。

（2）"成角的线条"滤镜。该滤镜用于使图像呈现线条绘制的效果，亮区域线条方向一致，暗区域线条方向不同。

（3）"阴影线"滤镜。该滤镜用于使图像产生模拟铅笔绘制的交叉网格阴影效果。

（4）"深色线条"滤镜。该滤镜用于平衡笔触颜色，产生有层次感的黑色边框或阴影线。

（5）"油墨轮廓"滤镜。该滤镜用于使图像产生油墨勾勒的效果。

（6）"喷色描边"滤镜。该滤镜用于使图像产生倾斜的线条喷绘的效果，以突出图像中的各种颜色。

（7）"喷溅"滤镜。该滤镜用于使图像产生笔墨喷溅效果，可设置喷射半径及平滑度。

（8）"烟灰墨"滤镜。该滤镜用于模拟日本画的风格，即用蘸有墨水的湿画笔在卷烟纸上绘制的效果。

8.6.3 实训步骤

（1）打开素材"青松.jpg"图像。

（2）新建图层"图层1"，设置前景色为灰色，按"Alt＋Del"组合键进行前景色填充。

（3）执行"滤镜/素描/绘图笔"菜单命令，对话框设置如图8.69所示。（注意在这一步中一定要保证前景色为黑色，背景色为白色）。

（4）执行"选择/色彩范围"菜单命令，打开如图8.70所示的对话框，选择"高光"，选择图像中的白色区域，按删除键，删除选区中的白色。

（5）执行"选择/反选"菜单命令，设置前景色为白色，按"Alt＋Del"组合键，将选区内填充白色，按"Ctrl＋D"组合键取消选区，图像效果如图8.71所示。

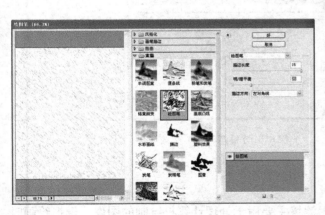
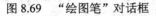

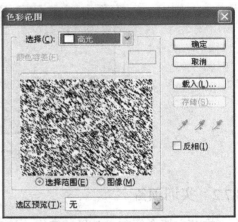

图8.69　"绘图笔"对话框　　　　　　　　图8.70　"色彩范围"对话框

（6）执行"滤镜/模糊/高斯模糊"菜单命令，设置模糊半径为0.5像素。

（7）现在的飞雪有点过于僵硬了，把"图层1"的不透明度设置为80%。执行"滤镜/锐化/USM锐化"菜单命令，参数设置如图8.72所示，调整到合适的数值。

（8）通过第七步的处理后如果还是觉得飞雪比较僵硬刺眼，可以将飞雪所在图层的"不透明度"调整为60%，得到最后效果。

图 8.71　填充选区为白色　　　　　　　　图 8.72　"USM 锐化"对话框

8.7　课堂实训六：光辉字制作

8.7.1　实训目的

利用塑料、霓虹灯光滤镜效果，结合图层的合并、选区创建等操作，制作如图 8.73 所示的"光辉字"效果。

图 8.73　"光辉字"效果图

8.7.2　实训预备

本节主要介绍艺术效果滤镜组，该组滤镜主要用于处理计算机绘制的图像，模拟绘画时使用的不同技法表现不同的图像艺术效果，包括塑料包装等 15 种滤镜，如图 8.74 所示。

（1）"塑料包装"滤镜。该滤镜模拟闪亮的塑料包装图像，强调表面细节。

（2）"壁画"滤镜。该滤镜能用短的、圆的和潦草的斑点绘制风格粗扩的图像。

（3）"干画笔"滤镜。使用干画笔技术（介于油画和水彩画之间）绘制图像的边缘。该滤镜通过将图像的颜色范围减少为常用的颜色区来简化图像。

（4）"底纹效果"滤镜。该滤镜能在纹理背景上绘制图像，然后在它上面绘制最终的图像。

（5）"彩色铅笔"滤镜。使用该滤镜在纯色背景上绘制图像。边缘被保留并带有粗糙的阴影线外观；纯背景色通过较光滑区域显示出来。

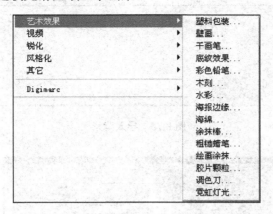

图 8.74　艺术效果滤镜组

（6）"木刻"滤镜。使用该滤镜能描绘图像，就好像图像由粗糙剪剪节的彩纸组成。高对比度图像看起来好像黑色剪影，而彩色图像由几层彩纸构成。

（7）"水彩"滤镜。该滤镜能绘制水彩风格的图像，简化图像中的细节，用的是含水份和颜色的中号画笔。在边缘处有明显的色调改变的地方，此滤镜使颜色饱和。

（8）"海报边缘"滤镜。该滤镜能按照设置的海报化选项，减少图像中的颜色数目（海报化），查找图像的边缘并在上面画黑线。图像的大范围区域用简单的阴影表示，精细的深色细节分布在整个图像中。

（9）"海绵"滤镜。该滤镜能创建对比颜色的强纹理图像，显得好像用海绵画过。

（10）"涂抹棒"滤镜。该滤镜使用短对角线涂或抹图像较暗区域来柔和图像，使较亮区域更明亮并丢失细节。

（11）"粗糙蜡笔"滤镜。该滤镜使图像显得好像是用彩色粉笔在纹理背景上描绘的。在亮色区域，粉笔显得比较厚且稍带纹理；在较暗的区域，粉笔好像是被刮掉而露出纹理。

（12）"绘画涂抹"滤镜。该滤镜为绘画效果选取多种画笔大小（1～50）和画笔类型。画笔类型包括简单、未处理光照、未处理深色、宽锐化、宽模糊和火花。

（13）"胶片颗粒"滤镜。该滤镜在图像的暗调和中间调应用均匀的图案时，源的图案非常有用。

（14）"调色刀"滤镜。该滤镜能减少图像中的细节，以产生薄薄的画面效果，露出下面的纹理。

（15）"霓虹灯光"滤镜。该滤镜能对图像中的对象添加不同类型的发光效果，并且对柔和图像外观非常有用。要选择发光颜色，单击发光颜色框并从拾色器中选择一种颜色。

8.7.3　实训步骤

（1）按"Ctll＋N"组合键新建一个 600×200 像素大小的文件，背景色为白色，其他默认。

（2）打开素材，并将其拖入到新建文件中，调整其大小，如图 8.75 所示。

（3）执行"滤镜/艺术效果/塑料"菜单命令，调整参数，如图 8.76 所示，得到一个塑料底纹的背景效果。

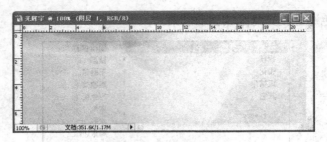

图 8.75　导入背景

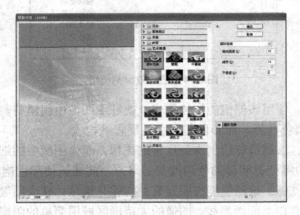

图 8.76　设置塑料效果图

（4）选择文字工具，调整合适的字体、大小、颜色，输入文字"photoshop"（参考字体 Monotype Corsiva、黑色、100 点）。

（5）将背景图层转化为普通图层，并将其拖至文字图层下方，按"Ctll＋E"组合键将文字图层与背景图层合并。

（6）执行"滤镜/艺术效果/霓虹灯光"菜单命令，设置发红光的效果，结果如图 8.77 所示。

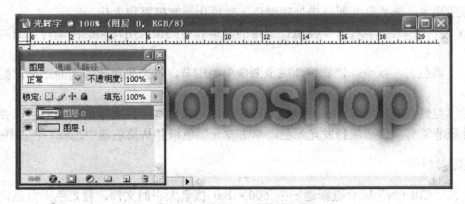

图 8.77　霓虹灯光滤镜效果图

（7）用魔术棒工具选择白色区域，并将白色区域删除，结果如图 8.78 所示。

（8）调整文字所在图层的不透明度，得到最终效果。

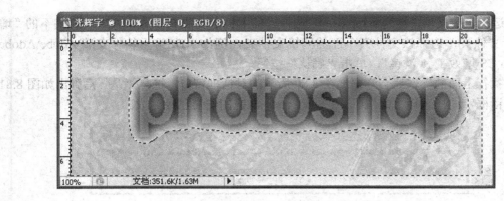

图 8.78　删除白色区域

8.8　课堂实训七：水池波纹效果制作

8.8.1　实训目的

- 掌握外挂滤镜的安装与应用，并了解常用外挂滤镜的功能。
- 利用外挂滤镜 EyeCandy4.0 的水珠效果，并配合图层蒙版、图层不透明度、调整图层等功能，制作如图 8.79 所示的"水池波纹"效果。

图 8.79　水池波纹效果图

8.8.2　实训预备

　　第三方厂商开发的外挂滤镜，有效扩展了 Photoshop CS 的处理功能，常用的著名外挂滤镜有 KPT、Eye Candy、Xenofex 等系列，每个系列都包含若干个功能强劲的滤镜，适合艺术创作和图像特效处理。

　　Photoshop CS 的滤镜默认位于其安装目录下的"增效工具"文件夹中，如想安装新的外挂滤镜，只需将其安装到该目录下相应的位置，再次启动 Photoshop CS 即可使用这些效果，外挂滤镜的使用与内置滤镜一样。下面以外挂滤镜 Eye Candy 的安装为例加以说明。

（1）运行安装文件（常为 setup.exe），选择你的主机上安装 Photoshop CS 文件夹下的"增效工具"文件夹，选择该文件夹下面的滤镜文件夹，例如"D:\常用软件安装\Adobe\Adobe Photoshop CS\增效工具\滤镜"，单击"确认"按钮。

（2）执行上面的操作后会弹出如图 8.80 所示的对话框窗口，选择"是"后弹出如图 8.81 所示的对话框，同样选择"是"。这时 Eye Candy 滤镜的安装已经完成。

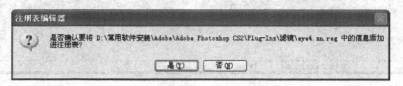

图 8.80　添加注册表信息

图 8.81　加入注册表

（3）重新启动 Photoshop CS，在其滤镜菜单下即可找到 Eye Candy 滤镜组，如图 8.82 所示。

图 8.82　Eye Candy 滤镜组

8.8.3　实训步骤

（1）打开素材图片"水池.JPG"，并复制背景层。

（2）执行"滤镜/汉 EyeCandy4.0/水珠效果"菜单命令，打开如图 8.83 所示的对话框，在普通项卡中对水珠的滴下尺寸、复盖百分比、边缘暗淡、不透明度、色彩调和、折射等进行设置。

（3）在灯光照明选项卡中选择光照的方向、倾斜度、高亮度、高亮颜色，并在右边的预览图中查看当前的设置效果，如图 8.84 所示的效果。

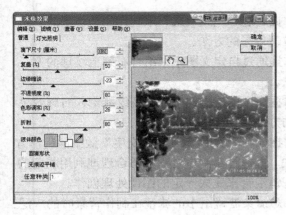
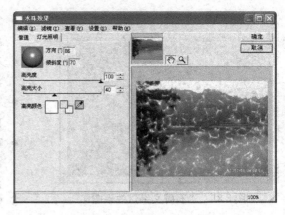

图 8.83 "水珠效果"对话框   图 8.84 "水珠效果"对话框设置

（4）单击  按钮给背景图层副本创建一个图层蒙版。按 D 键将前景色和背景色调整为默认的黑、白色，选择画笔工具，在蒙版上进行绘制，将图像中水池外的树等内容涂抹掉，得到如图 8.85 所示的效果。

（5）水珠过于夸张，可通过调整背景图层副本的不透明度（参考值 20%）来使水珠看起来更自然，效果如图 8.86 所示。

（6）单击 （创建新的填充或调整图层）按钮，在弹出的菜单中选择相片滤镜，选择一种绿色来改变图像的色彩状况，得到最终效果。

图 8.85 添加图层蒙版效果图   图 8.86 调整背景图层不透明度

提示：Photoshop CS 中的外挂滤镜可以包含多个组，如 Eye Candy 滤镜中就包括 23 个滤镜，如火焰、烟雾、软毛等，而 Xenofex 中包括 14 个滤镜，如边缘燃烧、旗帜、光照、杂点等，KPT7.0 包括 9 个滤镜，每个滤镜都可以独立地进行相关参数的设置，方便地实现很多非常漂亮的效果。

8.9 课堂实训八：滤镜应用综合实例

8.9.1 实训目的

● 掌握应用"云彩"、"颗粒"、"USM 锐化"等命令来完成背景纹理的绘制方法。

图 8.87 "石碑文字"效果图

- 掌握通过"光照效果"来制作凹凸不平的石碑纹理效果的方法。
- 掌握通过自定义图案来组合石碑上纹理的方法。
- 掌握通过图层样式来制作花纹雕刻入石碑效果的方法。
- 掌握如图 8.87 所示"石碑文字"效果的制作方法，并通过其制作过程熟悉合理地利用相应的滤镜组合来完成一定的图像处理创作。
- 熟悉渲染滤镜组中的滤镜在制作背景时的广泛运用。

8.9.2 实训步骤

1．制作石碑纹理

（1）新建图像文件，设置大小为 1024×768 像素，背景为白色，分辨率为 72。

（2）新建"图层 1"，设置前景色为深棕色（参考值#583511），背景色为黑色，执行"滤镜/渲染/云彩"菜单命令，得到如图 8.88 所示的效果。

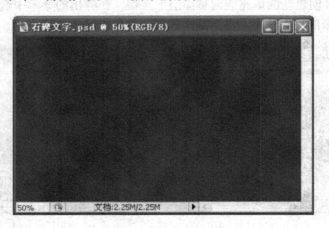

图 8.88 应用"云彩"滤镜后效果图

（3）执行"滤镜/纹理/颗粒"菜单命令，对话框如图 8.89（左）所示，颗粒类型设置为斑点；再执行"滤镜/锐化/USM 锐化"菜单命令，设置如图 8.89（右）所示。

（4）执行"滤镜/艺术效果/干笔画"菜单命令，对话框如图 8.90 所示。

（5）按"Ctrl＋A"组合键全选图像，按"Ctrl＋C"组合键进行复制，切换至通道面板，新建通道"Alpha 1"，按"Ctrl＋V"组合键粘贴，结果如图 8.91 所示。

（6）执行"滤镜/杂色/添加杂色"菜单命令，对话框如图 8.92 所示。

（7）回到图层面板，执行"滤镜/渲染/光照效果"菜单命令，对话框如图 8.93 所示，设置为白色的平行光，选择"Alpha 1"为纹理通道。

（8）创建调整图层，在弹出的菜单中选择"亮度/对比度"命令，得到"亮度/对比度"对话框，如图 8.94 所示，将图像的亮度和对比度适量增加。

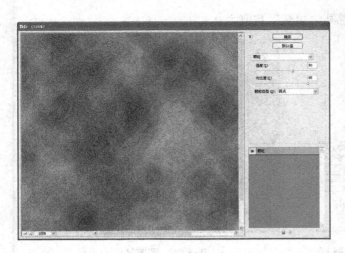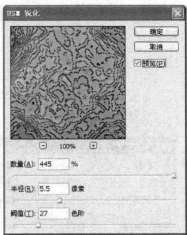

图 8.89 "颗粒"对话框(左)与"USM 锐化"对话框(右)

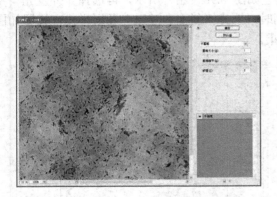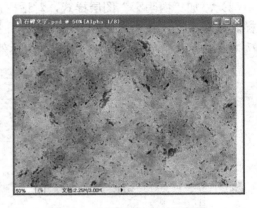

图 8.90 "干笔画"对话框　　　　　　　图 8.91 创建"Alpha 1"通道

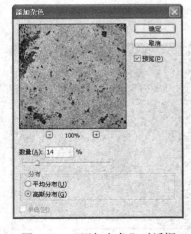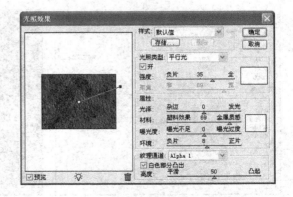

图 8.92 "添加杂色"对话框　　　　　　图 8.93 "光照效果"对话框

2．添加凹纹

（1）打开"城堡"素材，拖入到当前图像中，得到一个新的图层"图层 2"，调整"图层

2"的位置，如图 8.95 所示，并设置其"填充"数值为 0。

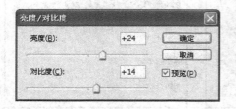

图 8.94　"亮度/对比度"对话框　　　　　　　图 8.95　调整城堡的位置

（2）添加"内阴影"图层样式，对话框设置如图 8.96（左）所示，再选择"外发光"图层样式，对话框设置如图 8.96（右）所示；同时再选择"斜面和浮雕"图层样式，设置如图 8.97（左）所示，得到如图 8.97（右）所示效果。

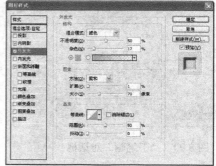

图 8.96　"内阴影"设置（左）与"外发光"设置（参考发光颜色值为 EBA317）（右）

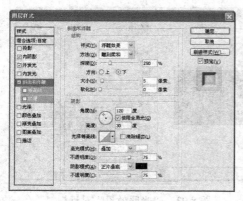

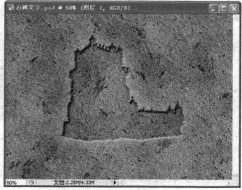

图 8.97　"斜面和浮雕"设置（左）与添加图层样式后效果图（右）

（3）输入文字"公元 2000 年"，设置适当的字体和字号，并设置其"填充"数值为 0，选中"城堡"所在图层，右击选择"复制图层样式"命令，回到文字图层，右击选择"粘贴图层样式"命令，得到如图 8.98 所示结果。

3．设置纹理凹凸感

（1）选择矩形工具 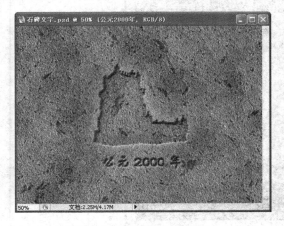，在选项栏单击形状图层命令按钮 ▢，绘制如图 8.99 所示的矩形，得到"形状 1"图层，并设置其"填充"数值为 0。

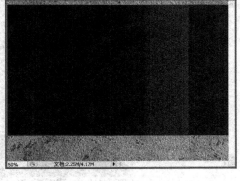

图 8.98　粘贴图层样式后结果　　　　　　图 8.99　绘制矩形形状

（2）为矩形添加"内阴影"、"内发光"和"斜面和浮雕"图层样式，对话框如图 8.100（左）、图 8.100（右）、图 8.101（左）所示，最终结果如图 8.101（右）所示。

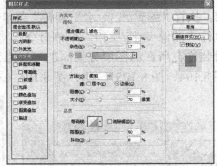

图 8.100　"内阴影"设置（左）与"内发光"设置（发光颜色参考值 EBA317）（右）

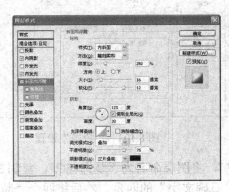

图 8.101　"斜面和浮雕"设置（左）与添加图层样式后效果图（右）

（3）按住 Ctrl 键单击"形状 1"图层载入选区，执行"反相"操作，添加新的"纯色"填充图层，设置"拾色器"对话框中的颜色值为 381F06，单击"确定"按钮，得到"颜色填充 1"图层，效果如图 8.102 所示。

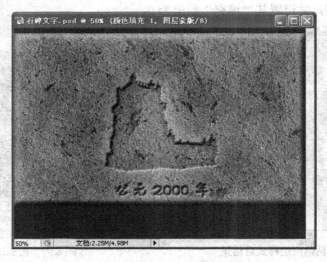

图 8.102　添加纯色调整图层后效果图

4．添加修饰图案

（1）打开"装饰花 1"素材，拖入到"石碑文字"中，调整大小及位置，如图 8.103 所示，复制该图层，执行"编辑/变换/水平翻转"菜单命令，调整其位置并将两个装饰花合并到一个图层中后执行"图像/调整/反相"菜单命令，将其颜色调整为白色。

（2）对装饰花所在的图层分别添加"投影"、"渐变叠加"、"描边"图层样式，相应的设置分别如图 8.104、图 8.105（左）、图 8.105（右）所示。

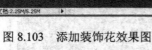

图 8.103　添加装饰花效果图

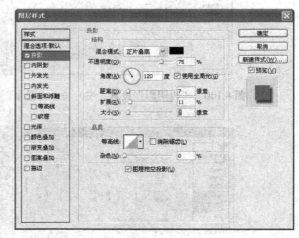

图 8.104　"投影"设置

（3）打开素材"装饰花 2"拖入"石碑文字"，将图层命名为"装饰花 2"，复制 3 个"装饰花 2"图层，调整位置和大小，使其放置在"石碑文字"的四角，然后将四个"装饰花 2"图层合并，并复制"公元 2000 年"的图层样式将其粘贴到合并后的"装饰花 2"图层，得到如图 8.106 所示的效果。

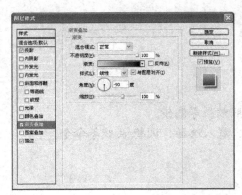

图 8.105 "渐变叠加"设置（参考色依次为 FFCE78、740000、000000）（左）与
"描边"设置（参考色 FFEBC8）（右）

图 8.106 添加四角装饰花后效果图

（4）输入文字"故事开始的时刻"，设置字体、颜色（参考值为 FFCE78），复制"装饰花"图层样式，将其粘贴到"故事开始的时刻"图层，得到最终效果。

8.9.3 实训分析

该实训运用了"颗粒"、"干笔画"、"添加杂色"、"光照效果"、"USM 锐化"等滤镜特效，同时，为了使整个图像看起来更有质感，还添加了相应的装饰花纹，这些花纹可以通过 PS 自带的自定义形状来组合完成，然后通过图形样式来制作逼真的雕刻效果。

在本实训中首先应用"云彩"、"颗粒"、"USM 锐化"等命令来完成背景纹理的绘制；然后通过"光照效果"来制作凹凸不平的石碑纹理效果；再通过自定义图案来组合石碑上的纹理，通过图层样式来制作花纹雕刻入石碑的效果。使用时注意图层样式在一些特殊效果制作中的应用。

习题与课外实训

1. 制作如图 8.107 所示的光边字效果。

提示：

① 新建通道输入文字，使用高斯模糊、光照效果等滤镜；

② 用到两个 Alpha 通道的计算、图像计算、载入选区、调整/曲线等命令。

2. 制作如图 8.108 所示的晶体字效果。

提示：

① 使用动感模糊、查找边缘滤镜；

② 执行反相、色阶命令，并通过彩虹渐变来上色。

图 8.107　光边字效果图　　　　　　　图 8.108　晶体字效果图

3. 制作如图 8.109 所示的冰雪字效果。

提示：

① 使用晶格化、添加杂色、高斯模糊滤镜；

② 执行曲线、色相/饱和度等相关命令。

4. 制作如图 8.110 所示的光辉字效果。

提示： 使用霓虹字光效果滤镜。

图 8.109　冰雪字效果图　　　　　　　图 8.110　光辉字效果图

5. 制作如图 8.111 所示的颤动字效果。

提示：

① 使用像素化/碎片滤镜两次；

② 合并可见图层，执行色相/饱和度命令。

6. 制作如图 8.112 所示的金色字效果。

提示：

① 使用高斯模糊滤镜；

② 执行色彩平衡命令。

图 8.111　颤动字效果图　　　　　　　　　图 8.112　金色字效果图

第 9 章　Photoshop CS 高级应用

本章概要

1. Photoshop CS 动作的功能、动作录制与应用；
2. 历史记录的应用、快照的功能及历史记录画笔的应用；
3. ImageReady CS 的功能及图像切片的处理；
4. 利用 ImageReady 制作网页元素及帧动画操作；
5. Photoshop CS 中图像的获取、导入、打印与导出的不同方法。

9.1　课堂实训一：批量创作火焰字效果

9.1.1　实训目的

- 掌握动作的录制、编辑与应用。
- 利用文字工具、旋转画布、风滤镜、波纹滤镜，结合图像模式的转换及索引的应用，制作燃烧文字效果，如图 9.1（左）所示。将制作过程录制为动作，并利用动作创建如图 9.1（右）所示的文字效果。

图 9.1　火焰字效果图

9.1.2　实训预备

1. 什么是动作

动作是应用于一个图像或者一批图像的命令和工具操作的记录序列，处理图像时，使用"动作"让计算机自动进行工作，可节省大量的精力，提高工作效率。

Photoshop CS 自带有一系列的内建"动作"，也可以将处理一幅图像所用的每一个动作记录下来，并生成一个后缀为"atn"的文件，保存在 PS 安装目录里。当需要再次进行同样的操作时，可以直接调用"动作"，而不需要一步一步地重复前面的操作。

2．动作面板

执行"窗口/动作"菜单命令，面板如图 9.2 所示，可完成所有关于动作的操作。"默认动作"是 PS 内建的动作集合，包含有多个动作序列，可以对图片进行装帧、添加特效等处理。

面板中各按钮的功能简介如下。

（1）创建新动作 ：单击可创建一个新的动作文件。

（2）播放按钮 ▶：单击可执行选中的动作命令。

（3）开始记录 ●：单击可开始记录新动作，处于记录状态时，呈红色显示。

（4）停止播放/记录 ■：单击可停止正在记录或播放的动作命令。

（5）展开按钮 ▷：单击可展开序列、动作和命令，显示其中的所有动作命令。

（6）收缩按钮 ▽：与展开功能刚好相反。

（7）切换对话开关 ▢：可控制动作命令在执行时是否弹出参数对话框。

（8）切换项目开关 ✔：控制序列或命令是否执行。

图 9.2　动作面板

3．动作子菜单

单击动作面板右上角的小三角 ▸，可对序列和动作进行修改编辑，部分子菜单的功能简介如下。

（1）按钮模式：选择按钮模式后，所有动作被设置为彩色按钮，只要单击一个按钮，该按钮所包含的动作将被全部执行，中间无法进行控制。

（2）插入停止：可在任意一个动作之前或之后插入一个停止命令，但如果不打开对话开关，在播放动作时，该停止命令将被忽略而继续播放；

（3）插入路径：可将复杂的路径作为动作的一部分包含在内，播放动作时，工作路径被设置为所记录的路径。

提示：播放插入复杂路径的动作可能需要大量内存，如果遇到问题，可增加 Photoshop CS 的可用内存。

（4）插入菜单项目：PS 中绘画工具、上色工具、工具选项、视图命令和窗口命令等操作不能录制为动作，但使用该命令可将这类命令插入到动作中。

提示：在使用"插入菜单项目"命令插入一个"打开"对话框的命令时，不能在"动作"面板中停用模态控制。

（5）回放选项：长而复杂的动作有时不能正确播放，但是难以断定问题发生在何处。该命令提供了播放动作的加速、逐步、暂停（可设定暂停时间）三种速度，可看到每一条命令的执行情况。

4．动作应用

动作可以录制、编辑、保存、载入、应用，要录制动作时首先要建立一个新序列，便于与 Photoshop CS 自带的动作区分。对动作的编辑包括重命名、复制、调整、删除、添加、修改和插入动作命令等，播放动作即可依次执行动作组中的动作，实施应用。

9.1.3 实训步骤

1．录制动作

（1）新建图像文件，颜色模式为 RGB，填充黑色背景。

（2）单击"创建新动作"按钮，在对话框中输入名称，如图 9.3 所示，单击"记录"，录制动作按钮自动按下并显示为红色，表示动作已经开始录制。

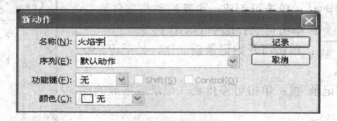

图 9.3　"新动作"对话框

（3）设置前景色为白色，选择文字工具，输入文字，设置字体、大小，如图 9.4 所示。

图 9.4　输入文字

（4）执行"图像/旋转画布/90°（顺时针）"菜单命令，将图像旋转，执行"滤镜/风格化/风"菜单命令，此时弹出如图 9.5 所示的对话框，确认后将文字图层栅格化，即转换为普通图层。

（5）"风"滤镜对话框如图 9.6（左）所示，确认后按"Ctrl＋F"组合键执行多次，结果如图 9.6（右）所示。

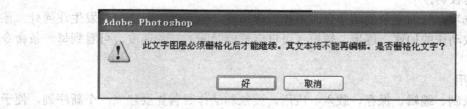

图 9.5　"栅格化"对话框

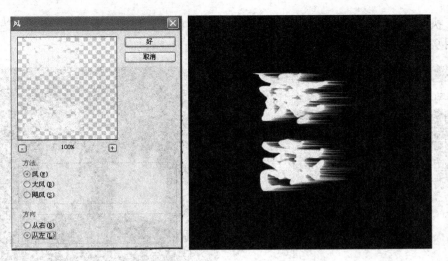

图 9.6　"风"滤镜对话框（左）与执行"风"滤镜后效果图（右）

（6）执行"图像/旋转画布/90°（逆时针）"菜单命令，将图像转回，执行"滤镜/扭曲/波纹"菜单命令，对话框如图 9.7（左）所示，结果如图 9.7（右）所示。

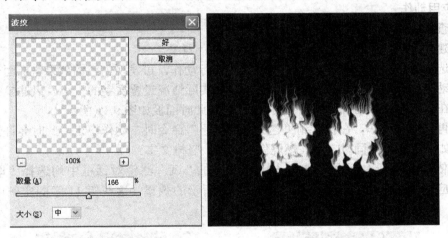

图 9.7　"波纹滤镜"对话框（左）与执行波纹滤镜后效果图（右）

（7）执行"图像/模式/Lab 颜色"菜单命令，弹出如图 9.8（左）所示的对话框，单击"拼合"按钮，选择图像的明度通道，弹出如图 9.8（右）所示的对话框，确认后再转换为灰度模式，最后转换为索引模式。

图 9.8　对话窗口

提示：将彩色模式转换为灰度模式时，常利用 Lab 模式的明度通道作为中介，以保留更多的图像细节。转换为灰度后再转换为索引模式，是为了避免颜色信息的干扰。

（8）执行"图像/模式/颜色表"菜单命令，对话框设置如图 9.9（左）所示，选择黑体，结果如图 9.9（右）所示。

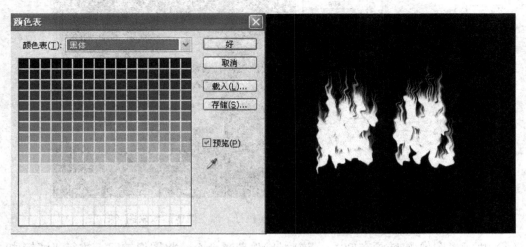

图 9.9　颜色表窗口（左）与最后效果图（右）

2．应用动作

（1）查看记录下来的动作，如图 9.10 所示。

（2）建图像文件，颜色模式为 RGB，填充黑色背景。

（3）选中"火焰字"动作，单击 ▶ 按钮，执行动作，可发现创建的效果与前面一样。若要应用该动作创建不同文字的火焰字效果，可据实际情况设置文字的大小、风滤镜的应用次数，分别在相应的命令前打开"切换对话开关"，此时面板如图 9.11 所示。

（4）再次执行动作，在执行到"建立文本图层"命令时，动作停止，此时允许输入另外的文字，如"燃烧它的同时，也在燃烧您的生命"竖排文字。

（5）依次在出现对话框时进行选择，注意在"风"滤镜对话框中均选择"取消"按钮，即只应用一次"风"滤镜，得到如图 9.12 所示的效果，这在第 11 章的实例中将加以应用。

图 9.10　动作面板中录制的动作图

图 9.11　打开"切换对话开关"后动作面板

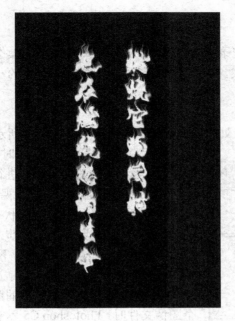

图 9.12　利用动作创建的火焰字效果图

9.2　课堂实训二：人物面部修饰

9.2.1　实训目的

● 掌握历史记录面板在图像处理中的应用。
● 利用历史记录画笔及快照功能，结合改变图像模式、叠加颜色并修改图层混合模式，实现黑白照片的上色操作；同时，配合应用图像、色相/饱和度、载入高光选区、高斯模糊滤镜、USM 锐化滤镜等功能，创建如图 9.13 所示"阳光下笑洒香汗"的美女效果。

图 9.13　美女效果图

9.2.2 实训预备

动作和历史记录均可记录对图像所作的处理，动作记录下操作步骤以备后用，而历史记录是 Undo 的一种新的形式，通过历史记录面板可撤销与图像的一系列操作，还原到指定的步骤。

1. 历史记录面板

历史记录面板用于记录处理图像时执行的操作，如图 9.14 所示，允许用户在历史状态列表中前后移动，基本上可以实时移动。

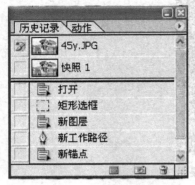

图 9.14　历史记录面板

（1）状态。当对图像文件进行处理时，历史记录面板会自动记录每一个所做的操作（视图的缩放动作除外）。每一动作在面板上占有一格，称为状态。Photoshop CS 默认可记录最近的状态 20 步，超过 20 步，则最前面的状态会自动删除。单击面板上任意一个状态，图像就恢复到刚应用该记录时的状态。

（2）快照。快照是被保存的图像操作结果状态，打开一个图像文件时，Photoshop CS 默认设置一个快照。单击历史记录面板上的"创建新快照" 按钮，就可把当前操作结果状态作为快照形式保存下来，自动命名为"快照 1"、"快照 2"……。快照是一个保存的状态，不会随着历史记录面板中状态的变化而变，配合"历史记录画笔"在后期的图像处理中可加以应用。

（3）新文档。单击面板上的"从当前状态创建新文档" 按钮，可以将当前图像的处理结果生成一个新文档，此文档的历史记录由当前的状态开始。

（4）清除历史记录。单击面板右上角的 按钮，在弹出的子菜单中选择"清除历史记录"，可删除当前文档的所有历史记录，但保留在当前状态。

2. 历史记录画笔工具

历史记录画笔 的作用是可以还原，使图像以前的某个状态或快照的局部区域恢复到当前图像中。使用时，首先在历史记录面板中单击所需修改的状态左边的小方框，选择要恢复的状态或创建的快照；然后用该工具在图像中要恢复的区域进行绘制，即可实现状态恢复。

9.2.3 实训步骤

1. 黑白照片上色

（1）打开素材图片，如图 9.15 所示。为便于得到皮肤的颜色，执行"图像/模式/CMYK颜色"菜单命令，转换为 CMYK 模式。

（2）设置前景色为 C：0、M：30、Y：40、K：0，复制背景图层，选择画笔工具，设置合适的大小，在脸部的皮肤处绘制，如图 9.16（左）所示，设置图层的混合模式为"颜色"，结果如图 9.16（右）所示。

图 9.15　素材图片

图 9.16　添加脸部颜色

（3）单击  按钮创建"快照 1"，再单击历史记录面板恢复到前面的步骤"复制图层"，如图 9.17 所示。

（4）设置前景色为 C：12、M：59、Y：53、K：1，选择画笔工具给嘴唇涂上颜色，同样设置"颜色"混合模式，创建"快照 2"。

（5）同样的方法，设置前景色为淡蓝色，涂抹背景，创建"快照 3"，此时历史记录面板如图 9.18 所示。

（6）选择历史记录画笔工具 ，在历史记录面板中"快照 1"前单击"设置历史记录画笔的源"，设置合适的笔触大小，在脸部区域上色。利用同样的方法，分别对背景及嘴唇上色，并放大图像，对细节部分进行修饰，合并所有图层，结果如图 9.19 所示。

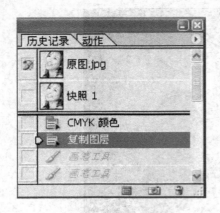
图 9.17　历史记录面板 1

图 9.18　历史记录面板 2

图 9.19　上色并修饰后效果图

2．添加修饰效果

（1）执行"图像/模式/Lab 颜色"菜单命令，转换为 Lab 模式，新建一个图层，混合模式设置为"柔光"。

（2）执行"图像/应用图像"菜单命令，设置参数如图 9.20 所示。

（3）再应用图像，设置参数与图 9.20 类似，仅将"通道"改为"b"。

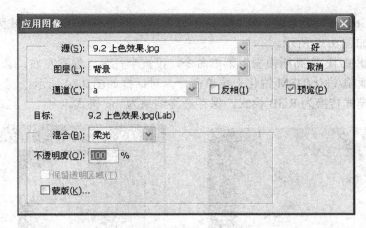

图 9.20　应用图像窗口

（4）执行"Ctrl+U"组合键，调整色相/饱和度，如图 9.21 所示。

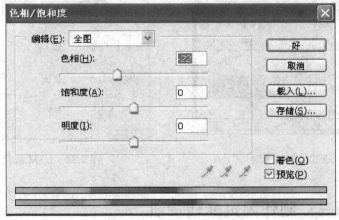

图 9.21　设置色相/饱和度

（5）单击背景图层，执行"Ctrl+Alt+～"组合键，载入混合通道高光选区，如图 9.22 所示。

图 9.22　载入选区

（6）执行"Ctrl+J"组合键，复制选区创建图层，并调整图层混合模式为滤色，不透明度为20%，结果如图9.23所示。

（7）执行"滤镜/模糊/高斯模糊"菜单命令，设置半径为4像素左右，合并所有图层。

（8）执行"滤镜/锐化/USM锐化"菜单命令，对话框如图9.24所示。

（9）将图像模式转换为RGB模式，保存最终结果为.jpg格式。

 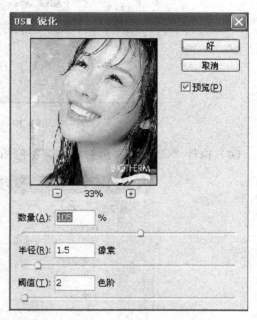

图9.23 通过复制的图层　　　　　　　　　图9.24 USM锐化设置

9.3 课堂实训三：制作网页翻转按钮

9.3.1 实训目的

- 了解ImageReady CS的功能和环境，熟悉图片切片及编辑操作。
- 利用ImageReady CS制作网页的翻转效果按钮，如图9.25所示。

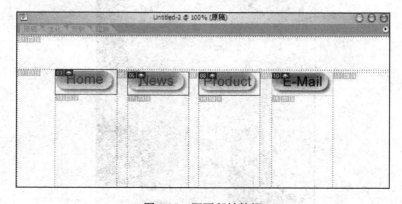

图9.25 网页翻转按钮

9.3.2 实训预备

1．ImageReady CS 简介

Adobe ImageReady 刚诞生时是作为一个独立的动画编辑软件发布的，直到 Photoshop 升级到 5.5 版本的时候，Adobe 公司才将升级到 2.0 版本的 ImageReady 捆绑在一起，搭配销售，以弥补 Photoshop 在动画编辑及网页制作方面的不足。ImageReady 具备 Photoshop 中常用的图像编辑功能，同时 ImageReady 更提供了包含了大量网页和动画的设计制作工具，功能强大且非常实用。

Photoshop7.0 发布的时候，ImageReady 就同步升级到了 7.0，目前 Adobe CS 套件发布，ImageReady 也就一同升级成为崭新的 ImageReady CS。

ImageReady CS 的优点主要在设计稿切割成网页与动画制作方面，新版本增加的新工具、Web 内容面板、表面板以及切片面板都能加强其网页设计制作功能，为网页设计人员更多的方便。

利用 ImageReady CS 可以将 Photoshop CS 的图像操作进行优化，使其更适合网页设计，也可以通过分割图像自动制作 HTML 文档，还可以制作简单的 GIF 动画。但 ImageReady CS 不支持 CMYK 色彩模式，无法进行与印刷相关的图像操作，它是专门的网络图像处理工具。

2．图像的切片

（1）切片的创建。切片是指图像的一块矩形区域，可用于在产生的 Web 页中创建链接、翻转和动画。通过将图像划分成切片，可以更好地对功能进行控制，并对图像文件大小进行优化，以提高浏览网页时图片的下载速度。处理包含不同数据类型的图像时，切片也很有用。例如，如果需要以 GIF 格式优化图像的某一区域以便支持动画，而图像的其余部分以 JPEG 格式优化更好时，就可以使用切片来实现。

（2）切片的选择和修改。在工具箱中选择"切片工具" ✎（按住 Ctrl 键可以在"切片工具"和"切片选取工具"间切换），然后单击图像中的切片，即可选中切片。选中切片后拖动鼠标，即可移动切片的位置。拖动切片旁边的编辑点，可以改变切片区域的大小。选中切片后，按键盘上的 Delete 键可以删除切片。

（3）图像优化。在输出 Web 之前我们还可以对其进行优化，使图像显示品质满足要求的情况下，使文件的大小最小。

① 网页图像切片完成后，执行"文件/存储为 Web 所用格式"菜单命令，打开"优化"对话框，单击"双联"选项卡，在该对话框中，左边为原始图的效果，右边为应用了相应的设置后的预览效果。

② 在对话框左边的工具箱中选择"切片选择工具"，然后在右边预览图中单击选中切片（按住 Shift 键单击切片，则可以同时选中多个切片）。

③ 选中切片后，通过调整最右边参数框中的相关参数（包括图片格式、品质和模糊度等），并注意观察切片的效果和预览图底部的文件大小变化。

在这里，我们可以给每个切片都设置不同的品质或文件格式。通过参数的不断调整，直到找到合适的参数。

9.3.3 实训步骤

（1）新建一个 640×480 像素的图像文件，背景色选择白色。

（2）选择圆角矩形工具，新建"图层 1"，在左上角绘制如图 9.26 所示的矩形选区，填充

任意颜色。

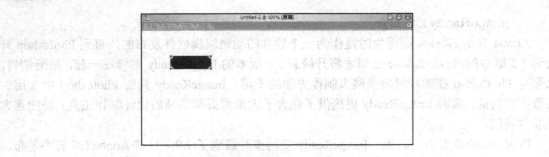

图 9.26　矩形选区

（3）在样式中选择一种合适的样式，进行填充，如图 9.27 所示.

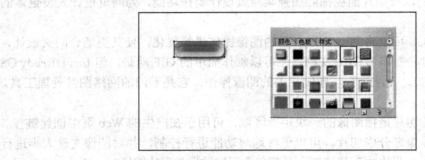

图 9.27　填充样式

（4）接下来，可根据需要，对图层样式做适当的修改，以达到更好的效果，并为按钮添加文字，如图 9.28 所示。

图 9.28　添加文字

（5）接下来开始制作翻转按钮。首先链接文字图层和按钮图层，右击按钮图层，选择"新建基于图层的切片"，这样就建立了切片，如图 9.29 所示。

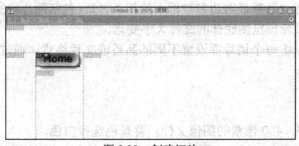

图 9.29　创建切片

（6）选择"Web 内容面板"，在其中选择创建翻转状态，连续创建三次，得到如图 9.30 所示的效果。

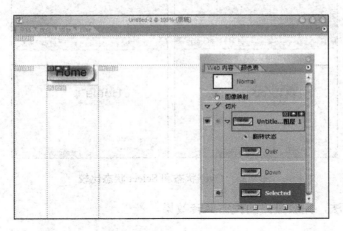

图 9.30　制作翻转状态

（7）在此，Over 状态表示鼠标移过按钮的效果，Down 状态表示鼠标按下的效果，Select 表示选择这个按钮的效果。首先选择 Over 状态，改变按钮图层的图层样式，如图 9.31 所示。

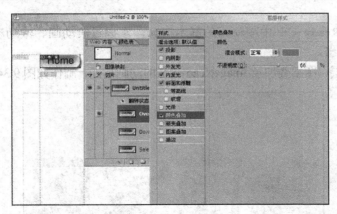

图 9.31　修改 Over 状态的图层样式

（8）同样改变 Down 状态和 Select 状态，效果如图 9.32 所示。

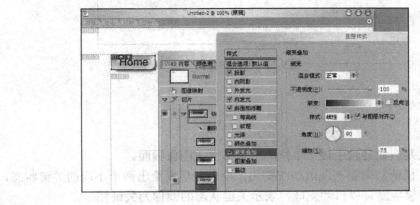

图 9.32　修改状态的图层样式

（9）至此，得到按钮翻转的效果，可选择在 IE 中预览，效果如图 9.33 所示。

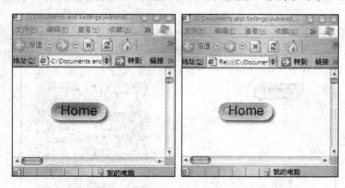

图 9.33　Over 状态和 Select 状态比较

按照同样的方法，完成最终的按钮翻转效果。

9.4　课堂实训四：制作动画

9.4.1　实训目的

● 了解 ImageReady CS 中帧动画的基本概念，掌握过渡动画、滚动动画等设置，熟悉 Web 动画输出。

● 利用文字图层、图案叠加及 ImageReady CS 的动画功能，制作如图 9.34 所示的闪动效果。

图 9.34　闪动效果图

9.4.2　实训预备

1. 帧动画

（1）帧。帧就是影像动画中最小单位的单幅影像或图像画面。

（2）关键帧。任何动画要表现运动或变化，至少前后要给出两个不同的关键状态，而中间状态的变化和衔接电脑可以自动完成，表示关键状态的帧称为关键帧。

（3）过渡帧。在两个关键帧之间，计算机自动完成过渡画面的帧称为过渡帧。

（4）动画。指运动的画面，利用快速变换帧的内容达到运动的效果。

（5）帧动画。是由一幅幅连续的画面组成的图像或图形序列。

（6）关键帧动画。制作动画的过程，每一帧都需要人工设置才能生成，比较烦琐。在ImageReady CS 中可通过设置图层效果，生成关键帧动画，即只需要设置动画的开始帧与结束帧，软件自动生成动画的非关键帧。

2．动画面板

默认时，动画面板并没有显示出来，只要执行"窗口/动画"菜单命令，即可显示该面板，如图 9.35 所示。

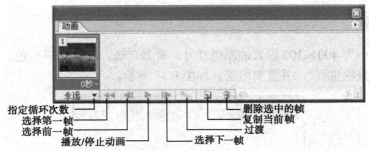

图 9.35　动画面板

（1）"永远"按钮：单击该按钮后将弹出一个子菜单，其中包括一次、永远和其他三个选项。

● 一次：选择此选项后，动画只播放一次。

● 永远：选择此选项后，动画将不停地连续播放。

● 其他：选择此选项后，用户可以在对话框中自定义动画的播放次数。

（2）"过渡"按钮：单击后将弹出如图 9.36 所示的对话框。在该对话框中，"过渡"下拉列表框用来设置插入帧的起始帧位置，"要添加的帧"文本框用于设置插入帧的数目。

（3）在动画面板中，单击每一图像框右下角的"选择帧延时间"键，可在弹出的列表中为每一幅设定好的过程图像设置时间延迟，如图 9.37 所示。

图 9.36　"过渡"对话框

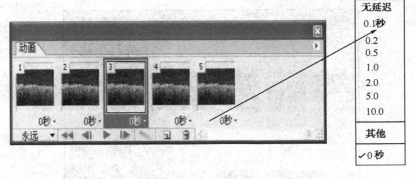

图 9.37　时间设定键

动作制作完成后，单击面板中的播放动画按钮，动画就开始播放。

3．Web 页输出

设置完动画或图片后，直接单击"存储为 Web 所用格式"对话框上的"存储"按钮，将打开"将优化结果存储为"对话框。

在"保存类型"下拉列表中选择"HTML 和图像"选项，在"切片"下拉列表中选择"所有切片"，采用"默认设置"，在"文件名"文本框中给 HTML 取个名称（如 index.html），然后单击"保存"按钮。

保存后将得到一个 HTML 文件和一个存放切片的"images"文件夹。用 Dreamweaver 或 FrontPage 打开该 HTML 文件就可进行编辑处理。

9.4.3　实训步骤

（1）新建大小为 400×300 像素的图像文件，背景自选，这里选择白色。

（2）输入"美丽宝贝"，并复制两层，如图 9.38 所示。

图 9.38　输入文字

（3）重命名文字图层，分别命名为 1、2、3。然后，给每层添加一个图案叠加，对应于文字层 1、2、3，分别叠加素材 1、素材 2、素材 3，如图 9.39 所示。

图 9.39　图案叠加

（4）显示动画面板，选择"图层1"，隐藏另外的两个文字图层，连续复制两个当前帧，如图9.40所示。

图9.40　复制帧

（5）接下来，在第一帧选择"图层1"，隐藏其他文字图层；再选择第二帧，显示"图层2"，隐藏其他文字图层；接下来选择第三帧，显示"图层3"，隐藏其他文字图层，如图9.41所示。

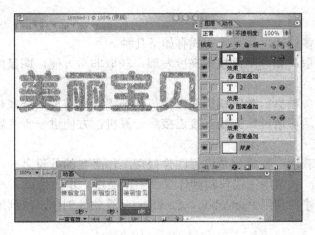

图9.41　选择可见图层

最后，存储优化结果，将最终的效果存储为.gif格式即可。

9.5　课堂实训五：获取图像与输出

9.5.1　实训目的

- 掌握图像的获取方式与打印、输出。
- 利用打印预览各项参数的设置，在A4纸上打印如图9.42所示的效果。

图 9.42 打印效果

9.5.2 实训预备

1. 图像的获取

图像的获取有很多途径，常见的方式有如下几种。

（1）通过网络获取：如今网络技术高度发展，获取非常方便，图像内容丰富，可根据需要选择。

（2）通过数码设备拍摄：数码相机或摄像机在拍摄时不需要安装底片，而且可直接看到最终效果。拍摄完毕后可通过数据线直接连接到计算机，方便进一步的修正与处理，发展前景良好。

（3）通过扫描仪获取：扫描仪是进行图像处理工作必备的外设之一，如在报纸、杂志上看到一些满意的图片，就可用扫描仪输到计算机中，做进一步的处理。

（4）绘图软件创建：利用 Photoshop、CorelDraw 等软件创作，或利用 Snagit 等实施屏幕抓图，得到各种图像。

提示：按下键盘上的 PrScrn 键可全屏抓图，按 "Alt + PrScrn" 组合键可抓当前工作窗口。常见的屏幕抓图软件有 Screen Thief 屏幕大盗、PZP、Getcap 画面狩猎者、Agrab、Grabber、Dropview/IP、PCS 和 Snagit 等。

2. 使用扫描仪获取图像

使用扫描仪获取图像的准备工作如下：

（1）将扫描仪连接到计算机上，目前的接口多为 USB 接口。

（2）打开扫描仪开关，按照产品生产商提供的使用说明书，安装产品附带的驱动程序。

（3）安装正确完成后，就可使用扫描仪导入图像。

下面以清华紫光集团生产的紫光扫描仪为例，介绍在 Photoshop CS 中使用扫描仪获取图像的具体操作。

提示：扫描仪的品牌、型号、驱动程序等因素的不同，操作界面会有所区别，具体设置方法可参考所用扫描仪的说明书。

首先，运行 Photoshop CS，执行"文件/导入/Twain-32 源"菜单命令，选择"UNISCAN"。再执行"文件/导入/Twain-32"菜单命令，系统运行紫光 UNISCAN 程序，软件界面如图 9.43 所示。

图 9.43　紫光扫描界面

其次，设置"原稿尺寸"为"指定"，并选择彩色图像，设置分辨率为 100dpi。

再次，将要扫描的图片覆盖在扫描玻璃板上，单击"预扫"后将光标移向虚线框调整扫描区（虚线框内的区域为将要扫描的区域）。

最后，单击"扫描"按钮，系统自动扫入图像并将其形成一个文件放置在桌面上，如图 9.44 所示，接下去就可以进行处理和保存了。

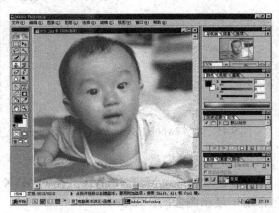

图 9.44　扫入图像

3. 优化扫描图像

（1）以较低的分辨率扫描该图片，保存到硬盘中，启动 Photoshop CS，在 Photoshop CS 中打开保存的图片。

（2）执行"滤镜/模糊/高斯模糊"菜单命令，设置半径的数值时注意不要大于 1 像素，否则最终效果看上去就会很模糊。在大多数情况下，0.7 像素会比较合适。

（3）改变图像大小。有时可能需要重复几次前面两步，即先模糊，后改变图像大小。如果图像的宽度大小大于 2000 像素，则设法将其减小到 1900 像素，改变大小时使用两次立方（默认设置）重新取样。经过多次重复，在重复每一步时稍微改变一下设置，图像的质量会变好。

（4）为得到更好的效果，可稍微调整一下图像的亮度和对比度、色阶。

4．图像的导出

在 Photoshop CS 中可将文件保存为不同的格式，以满足不同需要。

（1）以 ZoomVew 格式导出。ZoomView 是一种通过 Web 提供高分辨率图像的格式。利用 Viewpoint Media Player，读者可以放大或缩小图像并全景扫描图像以查看它的不同部分。执行"导出/ZoomVew"菜单命令，打开如图 9.45 所示的对话框，可进行模板选择、输出位置选择、图像拼贴选项、品质、浏览器选项设置。以 ZoomView 格式导出时，Photoshop CS 创建下列文件：

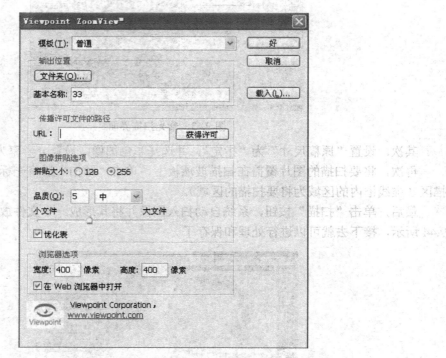

图 9.45 "Viewpoint ZoomView"对话框

- 一个 MTX 文件，它定义要显示的图像。
- 一个 HTML 文件，它载入 Viewpoint Media Player 并指向 MTX 文件。
- 一个文件夹，它包含用于显示图像的拼贴。
- 一个文件夹，它包含由 HTML 文件使用的 VBS 和 JavaScript 脚本。

（2）将路径导出到 Illustrator。执行"导出/路径到 Illustrator"菜单命令，输入文件名，选择图像类型及要求，该图像可被输出到指定的路径。

5．图像打印

作品完成后，需打印输出，以便查看最终作品的效果。大多数情况下，Photoshop CS 的默认打印设置会产生较好的打印效果。打印图像最常用的方法是将图像打印在纸上或打印在菲林上产生阳片或阴片，然后将图像转换到印版以便在印刷机上印刷。

提示：无法直接从 ImageReady CS 中打印图像。如果在 ImageReady CS 中打开了图像并需要打印，请使用"在 Photoshop CS 中编辑"命令在 Photoshop CS 中打开该图像。记住

ImageReady CS 图像以屏幕分辨率（72 dpi）打开，该分辨率可能不够高，无法产生高品质的打印效果。

（1）页面设置。不管打印哪一类 Photoshop 图像，首先进行纸张大小、打印质量等页面设置。执行"文件/页面设置"菜单命令，打开如图 9.46 所示的对话框，它的外观会随打印机驱动程序和操作系统的不同而变化。在对话框中据实际设置纸张大小，进纸方式一般为"自动选择"。在选择纸张方向时，注意"纵向"设置打印要快很多，所以可使用"图像/旋转画布"命令将横排图像旋转 90°，然后选择"纵向"取向打印。上述选项设置后，单击 打印机(P)... 按钮进行下一步打印机设置，如图 9.47 所示，从中可设置打印机的属性，设置完成后返回到"页面设置"对话框。

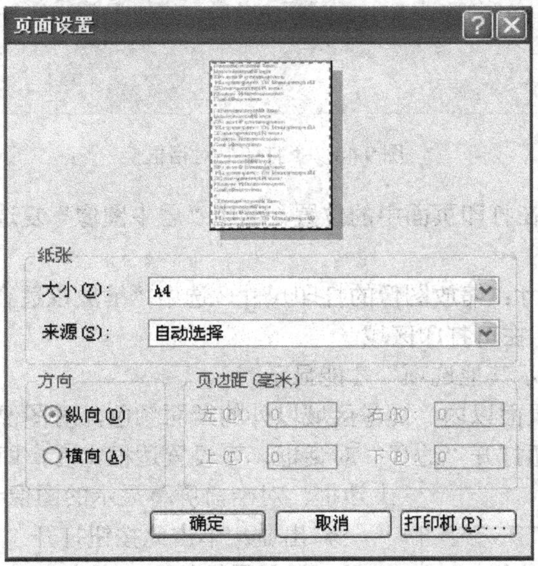

图 9.46　"页面设置"对话框

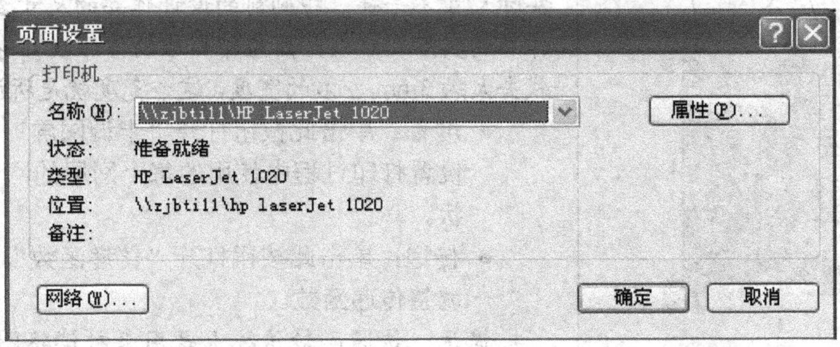

图 9.47　页面设置

提示：因打印机的型号不同，单击"打印机"按钮所打开的对话框也会有所不同。

（2）打印预览。在图像打印之前，用户还可设置各种打印参数，如裁切线、图像标题、套准标记、角裁切标记、居中裁切标记等选项，并对图像进行预览打印效果。打开要打印的图像，执行"文件/打印预览"菜单命令，对话框如图 9.48 所示。

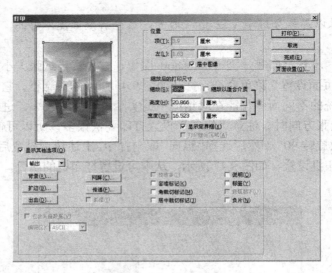

图 9.48　"打印"对话框

① 位置：设置图像在打印页面中的位置，选中"居中图像"复选框，可使图像在页面的中央打印。

② 缩放后的打印尺寸：缩放图像的打印尺寸，选中"缩放以适合介质"复选框，图像将以最适合的打印尺寸显示在可打印区域。

③ 输出：选中"显示其他选项"才能显示。

● 背景：选择打印页面以内、图像区域以外的纸面颜色，对图像不产生任何影响。

● 扩边：单击此按钮打开"边界"对话框，可设置边框宽度，即在打印后的图像周围加上边框，对当前屏幕显示的图像无影响。

● 出血：单击此按钮打开"出血"对话框，可设置打印图像的出血宽度。

提示：封面与招贴画等一些印刷品的最终成品尺寸与实际尺寸不一样，印刷前的设计作品的尺寸要比印刷后的作品的实际尺寸大，因为印刷后的作品在 4 条边上都会被裁去大约 3mm 左右的宽度，这个宽度就是所谓的"出血"。

● 屏幕：单击此按钮打开"半调网屏"对话框，可设置打印过程中使用的每个网屏的网频和网点形状。

● 传递：单击此按钮打开"传递函数"对话框，可调整传递函数。

提示：传递函数传统上是用来补偿将图像传递到胶片时可能出现的网点补正或网点损耗，只有直接从 Photoshop CS 打印或以 EPS 格式存储文件并将其打印到 PostScript 打印机时，才能识别该选项。

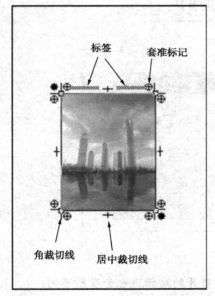

图 9.49　显示各种标记时的预览窗口

● 标签：选中此复选框，可将文件题注打印出来（注意：该标题为"文件简介"命令对话框中设置的题注，并非图像文件标题）。

● 选中套准标记、居中裁切标记、角裁切标记等复选项，可在打印图像的四周打印出相应的标记，如图 9.49 所示。

（3）打印。设置页面和打印选项后，执行"文件/打印"菜单命令即可打印，在"打印"对话框中设置打印参数，单击 确定 按钮，Photoshop CS 即开始打印。

6．图像输出

Photoshop CS 兼容多种图像格式，不同的格式适用于不同的领域。一个图像要应用到什么地方，需考虑分辨率、图像文件尺寸、图像格式及色彩模式等。

（1）印刷输出。制作封面、招贴画、包装盒等艺术品，最终都要印刷输出，有较高的专业要求，在制作之前，需考虑以下几点。

- 分辨率：为能印出高清晰度、高品质的图像，用于印刷输出的图像的分辨率最少要达到 300dpi。但也不必过高，否则不仅浪费内存和磁盘空间，且处理速度较慢，文件也过大。
- 文件尺寸：印刷输出的图像，在尺寸方面需考虑图像的"出血"，因此在制作之前高度与宽度都得比实际图像大 6mm 左右。
- 颜色模式：印刷输出的图像是以 4 色分色印刷的，在颜色模式方面有特定的要求，不管什么模式的图像都需先转换成 CMYK 模式才能印刷输出，否则输出的胶片会失真，产生色偏。
- 图像文件模式：印刷输出的图像文件格式通常使用最多的是 TIF 格式，因这种格式兼容性较好，带压缩保存，图像文件较小，以符合印刷的标准。但要注意，并不是在设计图像时就以 TIF 格式存储，这里指的是最终应用的图像要以 TIF 格式存储。

（2）网络输出。使用 Photoshop CS 可设计用于网页的图像，只要在图像设计完成后，执行"文件/存储为 Web 所用格式"菜单命令，在对话框中进行图像优化，设置要输出的网络图像的格式、图像大小、颜色数目等，单击 存储 按钮即可。以网络输出的图像与印刷输出的图像要求完全不同，印刷输出的图像非常注重输出品质，而网络图像则非常注重图像尺寸。因此，对于网络图像，需要考虑如下几点。

- 分辨率：一般不需很高，只要采用屏幕分辨率（72dpi）即可，甚至更低一些。
- 图像格式：网络图像所用的格式主要是 GIF、JPG 和 PNG，目前更多的是 GOF 与 JPG。
- 颜色数目：选择图像格式后，可进一步确定图像的颜色数目，以决定最终输出图像的文件大小。当然，在选择颜色数目时，要确保图像在屏幕显示不失真的情况下，尽可能地减少颜色数目，如有失真则得不偿失。
- 颜色模式：网络图像对此没有特别严格的要求，一般都以 RGB 模式输出。

（3）多媒体方式输出。除上面介绍的两种输出方式以外，在 Photoshop CS 中设计的图像还可应用于多媒体设计，如多媒体光盘的动画和图像等。

多媒体图像的格式需要根据当前使用的软件的要求来确定，分辨率也根据品质要求而定。

9.5.3　实训步骤

（1）打开需打印的图像，如图 9.50 所示，发现图像模式为 RGB 模式，为符合印刷要求，执行"图像/模式/CMYK 颜色"菜单命令，转换为 CMYK 模式。

（2）执行"文件/打印预览"菜单命令，对话框如图 9.51 所示，单击对话框右边的 页面设置(G)... ，设置纸张大小为 A4，其他参数默认，单击"确定"返回"打印"对话框。

（3）单击"显示定界框"复选项，拖动图像角上的小方块缩放图像，单击"背景"按钮设置空白区域的颜色，再单击"出血"按钮设置出血为 3mm，选中套准标记、角裁切标记等，对话框如图 9.52 所示。

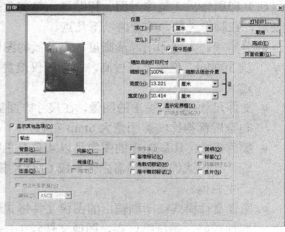

图 9.50　需打印的图像　　　　　　　　　　　　图 9.51　"打印"对话框

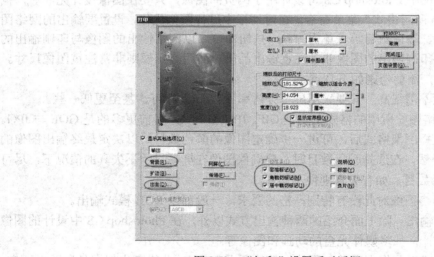

图 9.52　"打印"设置后对话框

（4）单击 完成(E) 按钮完成打印选项的设置，单击 打印(P) 按钮即可开始打印。

习题与课外实训

1．利用动作功能，制作如图 9.53 所示的扇子效果。

提示:

① 利用圆角矩形工具、透视，配合椭圆工具绘制扇柄；

② 创建动作，实现扇柄的自由变换：复制图层，移动旋转中心，旋转一定角度；

③ 播放动作实现扇子的制作。

图 9.53　扇子效果图

2. 利用历史记录画笔给美女去斑，处理前后的效果如图 9.54 所示。

提示:

① 利用仿制图章工具去除部分斑点；

② 利用高斯模糊滤镜柔化皮肤，并使用快照功能；

③ 利用历史记录画笔工具，设置不同的不透明度及笔刷大小进行调整，注意眼、嘴等轮廓；

图 9.54　修复前后效果比较

3. 制作一个文字滚屏动画，如图 9.55 所示，使文字从下往上滚动。

提示:

① 利用文字工具输入段落文字（颜色无所谓）；

② 新建图层，按 "Ctrl + Shift + M" 组合键，切换到 PS，填充渐变；

③ 切换回 IR，按住 Alt 键在 "图层 1" 和文字图层的中间单击（这是创建剪贴蒙版的快捷方式）；

④ 把文字拖到画布最下方，完全不显示出来，新建一个帧，把文字拖到最上面，也不让它显示出来；

一个好的企业网站的建设，其实是一个营销整合的过程，它首先需要了解企业的各种需求，包括了解企业的市场状况、竞争状态、营销渠道、方式及方法等，然后，把它与互联网技术相结合，适合网上操作的，移到网上进行（当然是要比原来的网下操作更好），可以与网络结合进行的，把它结合起来。这样，这个网站的功能就是适用的、有效果的。

大多数企业，尽管它是传统营销的行家，但对互联网，尤其是网络可以实现的功能并不了解，或者是没有很深入的了解，那么他也就

图 9.55　滚动文字

⑤ 选择第一帧，单击 "过渡" 按钮，插入 70 帧的过渡。

4. 制作如图 9.56 效果的变色字动画。

图9.56 变色字效果图

提示：

① 利用文字蒙版设置文字，按"Ctrl + Enter"组合键显示文字选区，填充喜欢的颜色；

② 为文字添加"斜面与浮雕"图层样式；

③ 载入文字选区，新建图层，制作一层金色字，再复制一层，并关闭显示；

④ 利用羽化（5像素）创建合适的选区，添加图层蒙版，转到IR中进行动画编辑；

⑤ 利用图层链接、蒙版等设置过渡帧数目及显示时间。

第 10 章　CorelDraw 12 基本应用

本章概要

1. CorelDraw 12 的功能及工作界面；
2. 基本几何图形的绘制、颜色填充及文件的创建、保存；
3. 图形的编辑、排序、组合与曲线绘制，辅助工具的使用；
4. 交互式调和、透明、阴影、轮廓及特效滤镜效果的应用；
5. 位图的编辑、美术字与段落文本的设置、变换、修整及输出设置。

10.1　认识 CorelDraw 12

10.1.1　CorelDraw 12 功能简介

CorelDraw 12 是 Corel 公司推出的精确绘图和文字排版的平面绘图软件，目前最新版本为 CorelDraw 12，它具有强大的功能和直观的操作界面，是优秀的矢量绘图软件之一。

因 CorelDraw 12 具有强大的矢量绘图功能，目前广泛应用于平面设计中的插图设计、图案设计、VI 设计、海报设计、文字设计、建筑平面图绘制、工业造型设计等领域，在印刷业也有着广泛的应用。

10.1.2　CorelDraw 12 工作界面

启动 CorelDraw 12，弹出如图 10.1 所示的"欢迎"对话框，单击"新建图形"按钮可以以当前默认的模板创建一个图形文件，单击"模板"按钮可选择模板样式创建新图形，单击"CorelTUTOR"可打开教程页面。

图 10.1　"欢迎访问 CorelDraw(R) 12"对话框

认识 CorelDraw 12 的工作界面并熟悉各个组成部分是进行图形设计的前提和基础，工作界面的组成如图 10.2 所示。

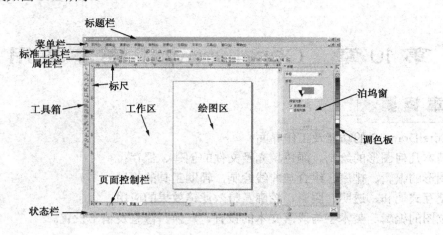

图 10.2　CorelDraw 12 的工作界面

1．工具箱与属性栏

工具箱用于放置各种绘图和编辑工具，每个按钮表示一种工具，有些按钮右下角有◢符号的表示含有子工具栏，单击◢符号或按住按钮不放即可展开。属性栏用于显示当前所编辑对象的属性信息，提供了工具按钮，其内容随所选用的工具不同而不同。

2．绘图区与工作区

绘图区与工作区是 CorelDraw 12 中绘制图形的区域，但只有绘图区内的图形才能被打印出来，而工作区内的对象将不能被打印，所以工作区只是绘图的临时放置场所。

绘图区页面的大小与方向可根据需要在属性栏中进行设置。

3．调色板

调色板在默认状态下位于工作界面的右侧，是四色印刷 CMYK 模式，它用于选择图形的颜色。选择图形后，单击调色板中的色块，可为图形填充颜色；右击调色板中的色块，则为所选图形的轮廓填充颜色。如果单击"无色"色块⊠可取消所选图形的填充；右击则可取消图形轮廓的填充。

提示： 单击调色板下方的◀按钮，可显示调色板中的所有颜色块。按住某个色块不放，可弹出由该颜色延伸出的颜色选择框。

4．页面控制栏

在 CorelDraw 12 中，一个文件可存在多个页面，互不影响。单击如图 10.3 所示页面控制栏上的✚符号可添加新页面，单击页面标签可查看相应页面的内容，右击页面标签可删除页面。

图 10.3　页面控制栏

5．泊坞窗

泊坞窗是 CorelDraw 12 最有特色的部分，可执行"窗口/泊坞窗"菜单命令打开。泊坞窗将常用符号、功能和管理器以交互式对话框的形式集合在一起，使操作更加方便。

10.1.3　自定义工作界面

CorelDraw 12 启动后将显示系统默认的工作界面，当熟悉了其工作界面后，可据个人使用习惯自定义工作界面，包括调整各工具栏的位置、大小、显示和隐藏等，以便最大限度地使用绘图空间。

1．通过快捷菜单

这是最简便的方法，右击菜单栏、工具箱或标准工具栏，弹出如图 10.4 所示的快捷菜单，选择相应的命令可设置菜单栏、工具箱或标准工具栏的显示方式。

图 10.4　自定义工作界面快捷菜单

2．通过"选项"对话框

（1）执行"工具/自定义"菜单命令，显示如图 10.5 所示的对话框，左侧为列表框，右侧可设置相应项的参数。

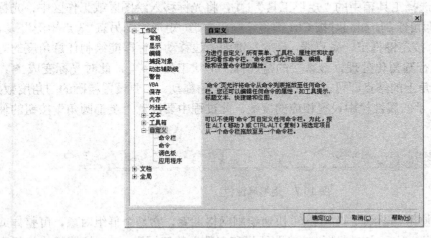

图 10.5　"选项"对话框

（2）选择"自定义"下的"命令栏"选项，在右侧设置相应项的按钮的大小、位置，按同样的方法可设置"命令"、"调色板"、"应用程序"选项。

10.2 课堂实训一：绘制卡通小熊

10.2.1 实训目的

● 掌握图形文件的创建、缩放与保存。
● 利用椭圆工具、形状工具、交互式阴影工具、调色板颜色填充及修整的焊接、修剪功
能，绘制如图10.6所示的卡通小熊图形，掌握基本图形的绘制。

图 10.6　卡通小熊效果图

10.2.2 实训预备

1．基本图形绘制

基本图形包括矩形、椭圆、多边形、螺旋形、图纸、基本形状等工具，是绘图的基础。

（1）矩形绘制。选择工具箱中的"矩形工具"　，将光标移入绘图区或工作区中，光标
变成 ，按左键拖动即可绘制，如同时按 **Ctrl** 键将绘制正方形。矩形绘制另有"3 点矩形"　，
选择后光标变成 ，按左键拖出一条直线，释放左键朝旁边移动鼠标即能绘制任意角度的矩
形。矩形绘制后可进行圆角化处理，最直接的是选择"形状工具"　，此时光标变成 ，
单击并拖动矩形任一角上的结点即可，也可同时选中四个角拖动。如要设置精确的圆角度数，
可直接在如图10.7所示的属性栏中设置相应的度数。此过程中要注意"全部圆角"按钮的使
用。

图 10.7　矩形属性栏

（2）网格绘制。使用"图纸工具"　可快速绘制网格图案，它是个群组对象，可整体或
拆分后单独处理。选择　后，在属性栏的"图纸行和列数"数值框　中设置网格的行数
和列数，在绘图区中按下左键拖动，即可完成网格绘制。右击要拆分的网格，在弹出的快捷
菜单中选择"取消组合"即将网格拆分成一个个独立的矩形，可分别移动或删除。

（3）螺纹绘制。使用"螺旋形工具"　可创建两种不同的螺纹：对称式螺纹和对数式螺

纹。对称式螺纹表示螺纹回圈的间距是不变的，对数式螺纹表示螺纹回圈的间距是递增变化的，如图 10.8 所示分别是两种方式绘制的螺纹。绘制时可分别在其属性栏中设置螺纹圈数及扩展参数，绘制的同时按 Ctrl 键可绘制水平和垂直尺寸相同的螺纹。

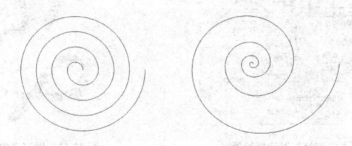

图 10.8　对称式螺纹（左）与对数式螺纹（右）

（4）基本形状绘制。使用完美形状工具组可方便地绘制各种常见的形状，包括心形、箭头、星形、流程图和标注等，按住工具箱中的"基本形状" 按钮不放，将展开工具栏 ，配合属性栏中的"完美形状"按钮，可选择绘制不同形状的图形。

2．图形轮廓编辑

前面已阐述过利用调色板设置轮廓线颜色的方法，在此主要介绍利用"轮廓笔"对话框的具体设置。

（1）选择工具箱中的"手绘工具" ，在绘图区绘制图形，并框选所有图形，如图 10.9 所示。

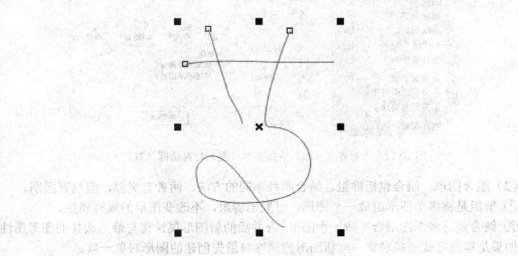

图 10.9　手绘图形

（2）单击工具箱中的"轮廓工具" ，展开工具栏 并单击"轮廓画笔"对话框 按钮，打开"轮廓笔"对话框，如图 10.10 所示，分别设置颜色、宽度、线条端头及书法效果（展开、角度），确定后手绘图形效果，如图 10.11 所示。

（3）在"轮廓笔"对话框中还可进一步编辑或设置线条样式、箭头样式等。

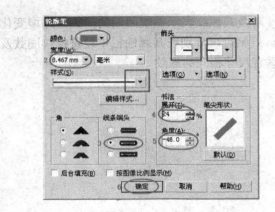

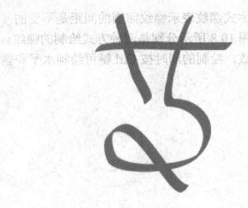

图 10.10 "轮廓笔"对话框设置 　　　　　　　图 10.11 图形最终效果图

3. 图形排序与组合

CorelDraw 12 提供了图形对齐、分布、排列及群组、拆分、焊接、相交等设置功能。

（1）对齐与分布。对齐图形是指将多个图形对象以一个对象为参照物进行对齐，如以一个图形的顶端、底端或中心等；分布图形可快速使图形在水平和垂直方向上按不同方式分布。选择两个及以上的图形时，执行"排列/对齐和分布"菜单命令，弹出如图 10.12（左）所示菜单，再单击"对齐和属性"选项，打开"对齐和分布"对话框，如图 10.12（右），可设置相应的对齐、分布选项。

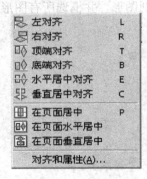
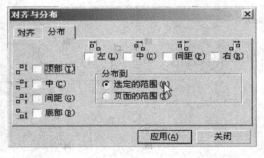

图 10.12 "对齐和分布"下级菜单（左）与对话框（右）

（2）组合图形。组合包括群组、结合两种不同的方法，两者有类似，但也有区别。

① 群组是将多个图形组成一个图形，可取消群组，不改变图形的原有属性。

② 结合是将多个图形合并成一个图形，合并后的新图形属性将与最后选择的图形属性一致，如果是框选方式选择对象，则新图形的属性与最先创建的图形对象一致。

③ 当结合的图形有重叠，且重叠处的图形数为偶数时，结合图形后重叠部分将成为空洞。下面绘制三个基本的图形，分别填充不同的颜色，全部选择后，执行"排列/群组"菜单命令或使用"Ctrl＋G"组合键进行群组操作，效果如图 10.13（左）所示；如执行"排列/结合"菜单命令或使用"Ctrl＋L"组合键进行结合操作，结果如图 10.13（右）所示，注意两者结果的区别，在以后的应用中加以区分。

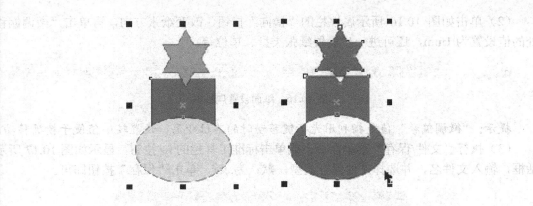

图 10.13　群组结果（左）与结合结果（右）

④ 取消群组。可在选择群组后的图形上执行"排列/取消组合"或"排列/取消全部组合"菜单命令。

（3）修整图形。修整包括对图形进行焊接、修剪、相交等操作，创作出更多丰富的图形和效果。执行"窗口/泊坞窗/修整"菜单命令，可打开"修整"窗口，如图 10.14 所示，可分别选择下拉菜单的功能进行操作，注意来源对象与目标对象是否保留视情况而定。焊接是将多个图形结合生成一个新的图形整体，与"结合"不同的是重叠部分不再是空洞，统一为一个轮廓，如图 10.15（左）所示为焊接后的效果。修剪是通过清除被修剪图形（即目标对象）与其他图形重叠部分，从而生成新的图形，新图形的属性与目标对象保持一致。相交是通过取舍多个彼此重叠的图形对象的公共部分来生成新的图形，其属性与目标对象一致，如图 10.15 所示（右）即为相交后得到的图形效果（保留了来源与目标对象）。

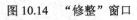
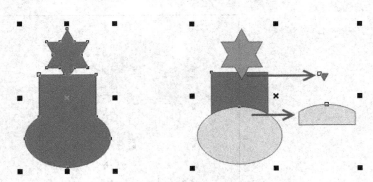

图 10.14　"修整"窗口　　　　图 10.15　焊接图形结果（左）与相交图形结果（右）

10.2.3　实训步骤

1．创建图形文件

（1）启动 CorelDraw 12，单击"欢迎"对话框的"新建图形"按钮，创建的图形文件默认为纵向的 A4 纸张。

（2）单击如图 10.16 所示属性栏的"横向"按钮，改变纸张方向，再单击"微调偏移"处的值设置为 1mm，还可进一步设置纸张类型、单位等。

图 10.16　纸面设置属性栏

提示： "微调偏移"值是指利用光标键移动时的单位距离，设置较小值便于精确移动。

（3）执行"文件/保存"菜单命令，或单击标准工具栏的 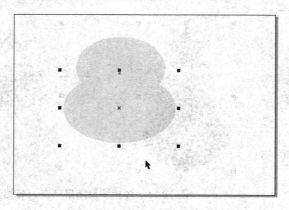 按钮，显示如图 10.17 所示对话框，输入文件名，并选择文件保存类型，默认为.cdr，单击"保存"按钮即可。

图 10.17　"保存绘图"对话框

2．绘制头部

（1）选择工具箱中的"椭圆工具" ，在绘图区绘制椭圆，拖动椭圆四周的小方块调整其大小。

提示： 选择 的同时按 Ctrl 键将画一正圆，若按 Shift 键将从中心画一正圆。

（2）选中椭圆，将图形填充黄色，再右击调色板中的区去掉轮廓线。以同样的方法绘制第二个椭圆，选中后移动到合适的相对位置，如图 10.18 所示。

图 10.18　绘制头部后效果图

（3）执行"窗口/泊坞窗/修整"菜单命令，打开如图 10.14 所示的"修整"窗口，单击选中上面的椭圆，再选择"修整"窗口中的"焊接"，单击"焊接到"按钮，此时光标变成 ，单击下面的椭圆即完成焊接操作，结果如图 10.19 所示。

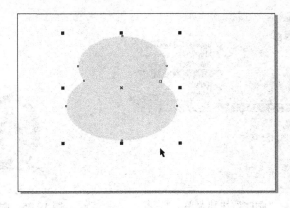

图 10.19　焊接后结果

3．绘制眼睛

（1）在绘图区的空白区域绘制椭圆，填充黄色，在如图 10.20 所示的属性栏中设置轮廓宽度为 2.5mm。

图 10.20　设置轮廓宽度

（2）在椭圆底下绘制另一椭圆，同样设置轮廓宽度为 2.5mm，选择工具箱中的"形状工具" ⬚，单击如图 10.21 所示属性栏中的"弧形"，此时椭圆变成了弧形。

图 10.21　设置形状工具

（3）按住弧形上的小方块，拖动至合适的弧度，选择工具箱的"缩放工具" ⬚，放大图形，放置弧线与椭圆的位置，如图 10.22 所示。

（4）画一蓝色稍小的椭圆，单击键盘上的光标键将蓝色椭圆移至眼睛中间（设置"微调偏移"值达到精确移动目的）。

（5）选中蓝色椭圆，左键按住角上的小方块，同时按 Shift 键，等比例缩小至合适大小时再同时按鼠标右键，复制一个椭圆，填充白色，最后结果如图 10.23 所示。

图 10.22　弧线与椭圆的相对位置

图 10.23　绘制眼珠后的眼睛

提示： 左键拖动对象至目的地后同时按右键，即为非常实用的"复制"。

（6）右击眼珠的蓝色椭圆，弹出如图 10.24 所示的快捷菜单，选择"向后一位"，将蓝色眼珠置于弧线后面，结果如图 10.25 所示。

图 10.24 "顺序"快捷菜单　　　　　　　　　图 10.25 眼睛效果图

提示：执行"排列/顺序"菜单命令也能打开如图 10.24 所示右侧的菜单，它主要用于图形对象的上下顺序关系。

（7）选择工具箱的 ，框选眼睛的所有对象，执行群组操作。

提示：只有被完全框住的图形才能选中，选中后图形四周出现 8 个黑色小方块；在单击对象的同时按 Alt 键，可选择物件后面被遮盖的对象。

（8）将眼睛移到头部左侧合适位置，再拖动至右侧同时按右键复制一个眼睛。

4．绘制嘴及耳朵

（1）分别在工作区绘制两个椭圆，填充红色，并去掉轮廓，如图 10.26 所示；单击如图 10.14 所示"修整"窗口的下拉菜单，选择"修剪"功能，单击"修剪"按钮，此时光标变成 ，再单击下面的红色椭圆，得到的嘴巴效果移入头部，结果如图 10.27 所示。

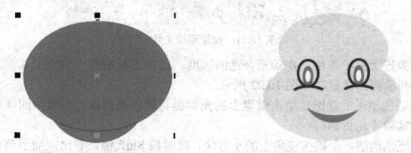

图 10.26 红色椭圆　　　　　　　　　图 10.27 绘制嘴巴后的结果

（2）绘制一个椭圆，填充黄色，再等比例收缩的同时复制另一个椭圆，填充浅棕色，群组两个椭圆，在群组对象四周小方块的基础上再单击该对象，出现如图 10.28 左侧所示的效果，按住角上的 旋转一定的角度，如图 10.28 右侧所示。

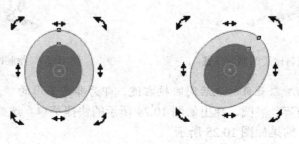

图 10.28 旋转对象

（3）将旋转后的耳朵移至头部上方合适位置，拖动的同时按下右键复制一个耳朵，单击如图 10.29 所示属性栏的水平镜像按钮，将复制得到的耳朵水平翻转。

| x: 83.807 mm | ↔ 44.948 mm | 112.2 % | 🔒 | ↻ 226.952 ° | ⬡ | ✱ | ✗ | 📋 | 🔲 | ▤ |
| y: 166.62 mm | ↕ 44.462 mm | 112.6 % | | | | | | | | |

图 10.29　水平镜像按钮

（4）调整各个对象的相对位置，并框选所有对象，群组成一个图形。

（5）选择工具箱中的"交互式调合工具" 🖋️，弹出工具栏 🖋️▣▣◎◇🛢️🖌️，选择"交互式阴影工具" 🔲，此时光标变成 🔎，在小熊头像上如图 10.30 所示方向拖动，产生阴影，得到最终图形结果。

图 10.30　绘制阴影

10.3　课堂实训二：名片设计与绘制

10.3.1　实训目的

设计制作完成如图 10.31 所示的名片，主要使用"贝塞尔工具"绘制名单的背景，商标的绘制使用了"变换"功能、渐变填充、封套工具及容器编辑功能，同时利用"文字工具"输入文字并设置格式。

图 10.31　名片效果图

10.3.2　实训预备

1."贝塞尔"工具

"贝塞尔"工具 ✒️ 是 CorelDraw 12 最重要的绘图工具，配合"形状工具" ⬙ 可绘制出任何造型的平滑线条。

（1）直线绘制。选择工具箱中的"贝塞尔"工具 ✒️，在工作页面上单击，至目标位置再单击即完成直线绘制。

（2）曲线绘制。选择"贝塞尔"工具 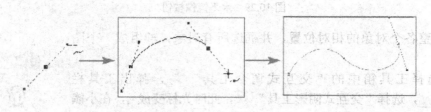，在画面中的起点处单击，同时按住左键向某一方向拖动，出现两个方向线，再将光标移到另一点上按住左键拖动，即可出现一条曲线，按此法可继续绘制任意方向的曲线，过程如图 10.32 所示，拖动控制点的方向线可任意改变曲线角度与方向。

图 10.32　曲线绘制

曲线绘制完成后，选择"形状工具" ，双击控制点与控制点间的线段可增加控制点，双击控制点则删除控制点。通过属性栏可进行连接/分割两控制点、曲线与直线的转换等操作。

2．对象管理与填充

填充包括基本填充与交互式填充两种。基本填充可单击"填充工具" ，展开工具箱 ，每种工具都有独到的填充功能，如渐变填充、颜色填充、图案、纹理、素材等样式的填充。交互式填充其实就是将各种基本填充工具结合在一起，并通过属性栏来设置图形的填充，使填充变得更加直观。

（1）颜色填充。颜色填充又称"均匀填充"或"标准填充"，是最简单的一种填充方式，可通过调色板单击即可实现，也可通过选择工具箱中的"填充颜色"对话框工具 打开"标准填充"对话框来实现。

（2）渐变填充。渐变填充可使对象的颜色呈现一种到另一种或多种颜色渐变的过渡效果，符合光照产生的色调变化，产生立体感。渐变填充提供了线性、射线、圆锥和方角 4 种渐变类型。

（3）交互式填充。单击工具箱中的"交互式填充"工具 ，属性栏如图 10.33 所示，可选择填充类型，并直观地设置图样的颜色、位置、大小、倾斜等。"交互式网状填充"工具 用于在对象中精致填充不同颜色，可通过属性栏设置网格的行数、列数，单击网格上的颜色点即可设置不同颜色。

图 10.33　"交互式填充"属性栏

3．辅助工具

类似于 Photoshop CS，CorelDraw 12 也提供了辅助工具，如标尺、网格、辅助线等，它们用于帮助定位图形及确定图形的大小，并可设置辅助工具，在绘图中合理使用可提高精确度和工作效率。

执行"查看/标尺"菜单命令，可显示或隐藏标尺。执行"查看/网格与标尺设置"打开"选项"对话框，可进一步设置标尺的微调值、坐标原点值等。

辅助线可执行"查看/辅助线"菜单命令显示或隐藏，最直接的办法是在显示标尺的情况下，直接从标尺中拖出，选中后按 Del 键可删除。

4．封套

封套是通过改变对象结点和控制点来改变图形基本形状的方法，它可以给对象添加封套效果，使对象整体形状随着封套外形的变化而变化。

"封套"工具包括 4 种封套模式：直线模式、单弧模式、双弧模式和非强制模式。在前 3 种模式中可通过编辑封套四周的结点来改变图形的形状，而在非强制模式中则是通过为封套添加结点，产生封套效果的。

5．印刷输出

将设计完成的作品印刷输出是一个复杂的过程，需要了解印刷输出的相关知识，并正确设置打印输出的参数，这将直接关系到最终作品的效果。

（1）印前设计工作流程。印前设计的一般工作流程包括以下几个基本过程。

- 询问客户要求并明确设计及印刷要求；
- 进行样稿设计：包括版面设计、文字输入、图片导入、创意和拼版等；
- 出黑白或彩色校稿，让客户修改；
- 根据客户的修改意见修改校稿；
- 再次出校稿，让客户修改直到定稿；
- 客户签字定稿后出菲林；
- 印前打样；
- 送交印刷打样，如无问题，客户签字；如有问题，重新修改再出菲林。至此，印前设计工作全部完成。

（2）分色和打样。分色是印刷专业名词，指将原稿上的各种颜色分解为黄、品红、青、黑 4 种原色。在电脑印刷设计或平面设计类软件中，分色工作就是将图像的色彩模式转换为 CMYK 模式。执行"文件/打印"菜单命令，在显示的"打印"对话框中单击"分色"选项卡即可进行分色设置。

提示：一般扫描或拍摄的图像为 RGB 模式，在印刷时须进行分色，这是印刷的要求。

打样是模拟印刷，在制版与印刷间起着承上启下的作用，主要用于检验制版阶调与色调能否取得良好的合成再现，并将复制再现的误差及应达到的数据标准提供给制版，作为修正或再次制版的依据。同时为印刷的墨色、墨层密度及网点扩大数据提供参考样张，并作为编辑校对的签字样张。

（3）纸张类型。设计作品需根据不同的用途和要求而使用不同的纸张类型，在了解纸张性能的同时再来设计作品，可适当避免印刷效果不好的问题。在此主要介绍与平面设计相关的印刷用纸，根据纸张的性能和特点可大致分为以下几种。

- 新闻纸：纸质松软、吸墨能力强，具有一定的机械强度，但时间一长易变黄，色彩表现程度不是很好，报纸所用的大部分就是新闻纸。
- 铜版纸：也称胶版印刷纸，有单面与双面之分，纸面平整光滑，能得到较好的印刷效果，适用于画册、宣传单等。
- 凸版印刷纸：与新闻纸类似，其色彩表现程度稍好于新闻纸。
- 凹版印刷纸：有良好的抗水性与耐用性，主要用于印刷邮票、精美画册、年鉴等。
- 白板纸：质地均匀，表面涂有一层涂料，纸张洁白且纯度高，能均匀吸墨，有良好的抗水性和耐用性，常用于商品的包装盒和图片挂图等。

（4）印刷效果。在平面设计中，印刷效果的要求直接关系到印刷成本。

- 单色印刷：用黑色印刷，成本最低，根据浓度不同可印出灰色，常用印刷单色教材及较简单的宣传单等。
- 双色印刷：使用 CMYK 中的任两种颜色印刷，成本较单色印刷高。
- 套色：在单色印刷的基础上再印上 CMYK 中的任一种颜色，如最常见的报纸广告中的套红就是套印了品红，这种印刷方式成本较低。
- 四色印刷：是最普遍、最常用的印刷方式，效果很好，但成本也较高，常用于印刷封面、画册、海报、全彩色杂志等。
- 专色印刷：印刷时不印刷 C、M、Y、K 四色合成的颜色，而用一种特定的油墨来印刷。由于专色印刷需要有专门的一个色版对应，如不是客户特殊需求，建议不要轻易使用。

（5）印前设置。在印刷前需做详细的检查工作，包括文字转曲、色彩模式的转换、分辨率的检查及出血的设置等，这能有效避免文字显示不完全、印刷色彩与样稿颜色差距太大及装订后出白边等问题。

- 检查 CMYK 颜色模式：印刷的文件只能使用 CMYK 的专用颜色模式，如果是 RGB 模式，则可能出现图像不能被输出的情况。执行"编辑/查找和替换/查找对象"菜单命令，打开"查找向导"对话框，可查找填充色类型、对象类型等。
- 将文字转换为曲线：作品要到电脑分色公司的电脑进行输出，但有些字体如没安装就不能正常打开，因此，为保证输出工作的顺利，需要进行字体属性的曲线转换。全选所有文字，执行"排列/转换成曲线"菜单命令即可将文本文字转换成曲线图形。
- 出血位：出血是印刷的常用术语，出血位是将设计的图形有意制作得大一点，避免在装订裁切时由于误差而产生白边现象，对于颜色在页面边缘的对象都要进行出血处理，出血量一般设置为 3mm，在拖动位于页面边缘的对象时，要注意不能让对象变形。
- 刀口位：印刷厂在装订裁切时，要按照制作好的标准线条来切割，这就是刀口位，又称为切线位。
- 十字线：彩色印刷是分别在同一张纸上印下"青红黄黑（CMYK）"四个颜色，但在印刷时，四种颜色的印版要对齐才可准确印刷，因此就要制作供其对位的"十字线"。十字线的线条颜色是由"CMYK"四个颜色同时组成的黑色线。
- 打印设置：执行"文件/打印"菜单命令，可设置打印范围和打印份数，以及打印版面。设置完成后，执行"文件/打印预览"菜单命令可进行预览操作。

10.3.3 实训步骤

1．绘制背景

（1）新建图形文件，设置文件为"90mm×55mm（横版方角）"的名片标准尺寸，并保存为"名片.cdr"。

提示：常见的标准尺寸有：名片（横版圆角）为 85mm × 54mm；IC 卡为 85mm × 54mm；三折页广告（A4）为 210mm × 285mm。

（2）选择"贝塞尔"工具，绘制如图 10.34 所示的曲线，并沿名片的右下角绘制成连续封闭曲线，选择"形状工具"调节控制点的位置，改变曲线的形状。

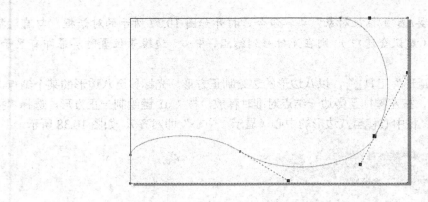

图 10.34　绘制背景曲线

（3）选择 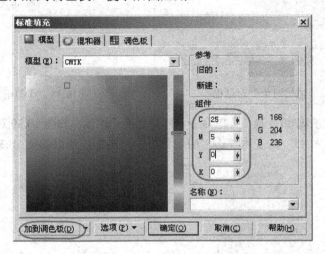 打开"标准填充"对话框，如图 10.35 所示，设置填充颜色，单击"加到调色板"按钮可将颜色添加到调色板，便于后面应用。

图 10.35　"标准填充"对话框

（4）右击调色板的 ⊠ 按钮，去除背景曲线的轮廓。

2．制作商标

（1）先绘制商标的外围图形，选择"多边形工具" 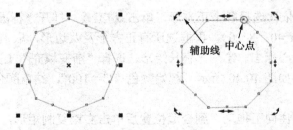，将属性栏中"多边形端点数"设置为 8，按 Ctrl 键的同时按左键拖动，绘制一个正八边形，如图 10.36（左）所示。

辅助线　中心点

图 10.36　正八边形（左）与转动后的正八边形（右）

（2）显示标尺，拖出一条辅助线，使其与八边形的其中一个结点重合，双击八边形，将中心点拖至与辅助线重合的结点上，旋转八边形，结果如图 10.36（右）所示。

提示： 执行"工具/选项/捕捉对象"菜单命令，打开如图 10.37 所示的对话框，勾选"捕捉模式"的相应选项（建议全选中），则在光标移到结点、中心、边缘等位置时屏幕即有显示，操作非常方便。

（3）选择"3 点矩形"工具，以八边形的边绘制正方形，光标移至八边形的某个结点，显示 表示结点对准，按左键拖至旁边一结点对准时释放，按 Ctrl 键绘制一正方形。选择"挑选工具"双击正方形，将中心移至八边形的中心（显示"中心"即对齐），如图 10.38 所示。

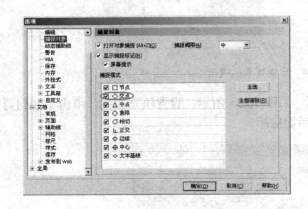
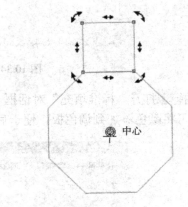

图 10.37　"捕捉对象"对话框　　　　　　　图 10.38　移动正方形中心

（4）执行"窗口/泊坞窗/变换"菜单命令，打开变换泊坞窗，如图 10.39（左）所示，选择"旋转"按钮，角度设置为 45°，多次单击"应用到再制"按钮，结果如图 10.39（右）所示。

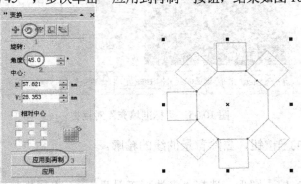

图 10.39　"变换"泊坞窗（左）与变换图形结果（右）

（5）按 Shift 键，依次选择各个正方形，单击 工具，打开"标准填充"对话框设置填充颜色（C:60、M:0、Y:40、K:20），再框选所有正方形及八边形，取消轮廓线。

（6）绘制中间的内心标志。绘制一扁长矩形，选择"渐变填充"工具，显示"渐变填充方式"对话框，设置如图 10.40 所示（起始颜色"C＝100"，结束颜色"C＝10"），并去除矩形的轮廓线。

（7）选中矩形，按住向下拖动，到合适位置后单击右键复制矩形，多次按"Ctrl＋D"组合键快速再制图形，结果如图 10.41 所示。

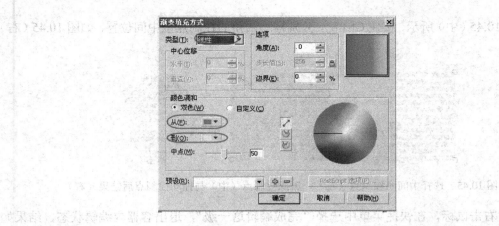

图 10.40　"渐变填充方式"对话框

（8）选择"矩形工具"，按 Ctrl 键绘制一正方形，选择"形状工具"调整为圆角，再选择"挑选工具"，单击矩形两次，出现旋转控制点，在属性栏"旋转角度" 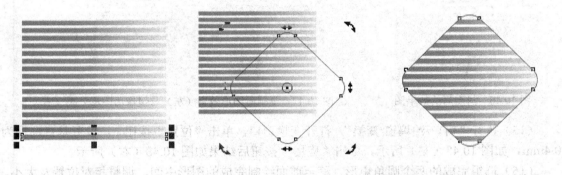 处输入 45°，结果如图 10.42 所示。

（9）全选渐变矩形组，执行"效果/精确裁剪/放置在容器中"菜单命令，此时光标显示为 ➡，单击圆角矩形，结果如图 10.43 所示。

图 10.41　矩形复制后结果　　　　图 10.42　旋转后结果　　　　图 10.43　放置容器后结果

（10）右击圆角矩形，在弹出的快捷菜单中选择"编辑内容"，进入编辑状态，全选渐变矩形组，执行"群组"操作。

（11）选择工具箱中的"封套"工具 ，光标变成 ，矩形组四周显示 8 个控制点，如图 10.44（左）所示，为了使用"封套"工具后可保留直线的效果，框选所有控制点，如图 10.44（中）所示，单击属性栏中的"转换曲线为直线"按钮 ，结果如图 10.44（右）所示。

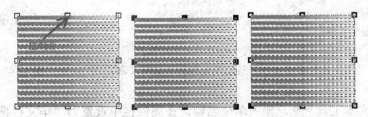

图 10.44　"封套"控制点（左）、框选所有控制点（中）与转换后控制点（右）

（12）选取中间两个控制点，如图 10.45（左）所示，单击属性栏中的"删除结点"按钮 ，结果如图 10.45（中）所示，按住 Ctrl 键，分别拖动四角的控制点至中间位置，如图 10.45（右）所示。

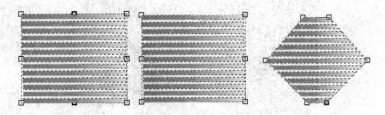

图 10.45　选择中间两控制点（左）、删除控制点（中）与拖动控制点后结果（右）

（13）右击鼠标，在快捷菜单中选择"完成编辑这一级"，退出容器内编辑状态，结果如图 10.46 所示，去除轮廓线。

提示： 注意封套前后的效果差别，封套后矩形组的每个矩形在正方形容器中均体现渐变效果，而直接装入容器操作类似于 Photoshop CS 中的"粘贴入"功能，去除了容器外部分。

（14）选中圆角矩形，拖至左边，单击右键复制图形，如图 10.47（左）所示，选择左边的图形，单击属性栏的"水平镜像"按钮 ，效果如图 10.47（右）所示。

图 10.46　封套后的效果图　　　　图 10.47　复制后图形效果（左）与镜像后图形效果（右）

（15）执行"窗口/泊坞窗/变换"，打开变换窗口，单击"位置"按钮 ，设置垂直选项为 0.4mm，如图 10.48（左）所示，单击"应用"按钮后结果如图 10.48（右）所示。

（16）群组完成的两个圆角矩形，移至前面绘制完成的图形中间，调整相对位置及大小，群组整个商标，最后效果如图 10.49 所示。

图 10.48　"变换"窗口（左）与应用变换后效果图（右）　　　图 10.49　商标效果图

3. 输入文字

（1）选择"文本工具" ，输入单位名称，在属性栏中设置为"华文行楷、12 号"。

（2）选择"矩形工具"，在文字下方绘制一扁长矩形，填充线性渐变（起始颜色"C:100、M:0、Y:60、K:20"，结束颜色"C:8、M:2、Y:14、K:0"）并去除矩形的轮廓线。

（3）在矩形下方输入单位网址，移入单位商标，调整合适位置后执行群组，结果如图 10.50 所示。

图 10.50 单位名称

（4）在单位下方输入职位，设置为"华文行楷、7 号"，执行"文本/文本格式"菜单命令，显示"格式化文本"对话框，单击"段落"选项卡，设置对齐方式为"全部调整"，如图 10.51（左）所示，另外也可调整字符间距、行高及文本方向等，调整前后的效果如图 10.51（右）所示。

（5）依次输入姓名、地址、电话、手机、E-mail 等信息，设置字体、字号及间距等，得到最终的名片效果。

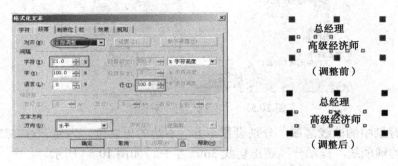

图 10.51 "格式化文本"对话框（左）与调整前后效果图（右）

提示：多个文字效果可框选后，执行"排列/对齐和分布"命令进行对齐操作，也可显示辅助线、网格等辅助工具。

4．输出设置

（1）首先检查文件的颜色是否是 CMYK 模式，执行"编辑/查找与替换/查找对象"菜单命令，打开"查找向导"对话框，单击"下一步"按钮，选择"填充"选项卡，选取"一般填充色模型"下的"RGB 颜色"，如图 10.52 所示。

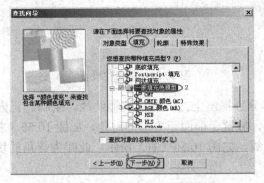

图 10.52 "查找向导"对话框

（2）单击"下一步"按钮后，若有 RGB 模式填充的图形则会被显示选取，本例无显示。

提示： 若是 RGB 图形或彩色文字，可直接在"调色板"中设置为 CMYK 模式；若是 RGB 模式的黑色文字，利用在"标准填充"对话框中将 K 设置为"100"，将 CMY 设置为"0"。

（3）执行"编辑/全选/文本"菜单命令，选取所有文字。

提示： 为保证所有文字全能选中，最好将与图形群组的文字取消群组。

（4）执行"排列/转换成曲线"菜单命令，即将文本文字转换为曲线图形。

（5）为确认，执行"文件/文件信息"菜单命令，弹出如图 10.53 所示的对话框，可检查是否完全没有了文本文字及 RGB 颜色填充的图形。

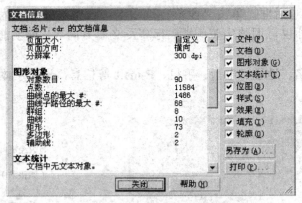

图 10.53　"文档信息"对话框

（6）选中背景中的曲线区域，分别设置下方、右边的出血位，为便于对齐边缘，可分别拖出对准边缘的辅助线，拖动分别超出切线 3mm 左右，如图 10.54 所示。

图 10.54　出血位设置

（7）绘制刀口位，再分别拖出上方、左边的辅助线，绘制一正方形，两边分别重合于辅助线，再绘制两小正方形，放置于前面正方形的对角，如图 10.55（左）所示，再将两个小正方形填充白色，去除轮廓线，如图 10.55（右）所示，此即为该角的切线线条，以后工人按照此线条切割就准确了。

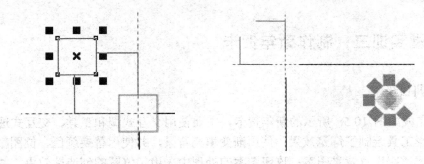

图 10.55　刀口位设置

提示： 切线的线条颜色只能用 K＝100 的黑色填充，否则会有重影、不清晰的情况。

（8）绘制对色版用的十字线，在角上的正方形中绘制一正圆，利用"贝塞尔工具"绘制一直线条，如图 10.56（左）所示，按住左键 90°旋转线条并单击右键复制，框选正方形、正圆、两直线（注意不要选中两小正方形），按下 C、E 键，使 4 个对象的中心对齐，结果如图 10.56（右）所示。此处需注意的是，为便于准确印刷，两直线条的颜色设置为 C＝M＝Y＝K＝100 的黑色。

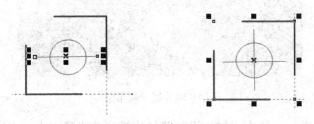

图 10.56　十字线设置

提示： 多个图形的对齐操作可执行"排列/对齐与分布/对齐和属性"菜单命令设置。

（9）全选切线和十字线，复制并对齐到各个角，同时执行"排列/顺序"调整上下关系，避免遮盖，最终印刷前的效果如图 10.57 所示。

图 10.57　印刷前效果图

10.4 课堂实训三：制作新年贺卡

10.4.1 实训目的

- 制作完成如图 10.58 所示的新年贺卡，主要使用交互式调和工具、交互式透明及交互式阴影工具绘制了灯笼效果；使用渐变填充背景，并使用替换颜色、位图颜色遮罩、交互式透明设置背景图案；玫瑰图案的处理中采用了位图的创造性效果，并进行了裁剪与调整处理；美术字的处理使用了交互式轮廓工具，并进行了拆分与适合路径排列。

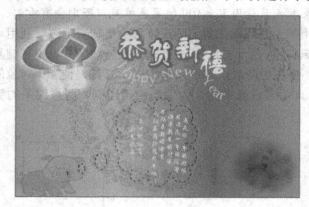

图 10.58　贺卡效果图

- 掌握美术字的拆分、轮廓添加、沿着路径的排列及段落文本、内置文本的操作。
- 掌握位图的裁剪、颜色替换、效果添加及交互式透明设置。

10.4.2 实训预备

1. 矢量图的特殊效果

为矢量图添加的特殊效果主要使用交互式工具，包括调和效果、变形效果、封套效果、立体化效果、轮廓效果、阴影效果、透明效果、透视与透镜效果等，在此主要讲解以下几种，其他的需要在案例使用中加以体会。

（1）交互式调和效果。

调和又称渐变或融合，用于两个对象的形状、颜色的渐变创建的一种特殊效果，只能在矢量图之间进行。CorelDraw 12 中的调和方式包括直线调和、手绘线调和、路径调和与复合调和等，在实际应用中可据需要确定调和的类型。

选择工具箱中的"交互式调和工具" ，也可执行"效果/调和"打开"调和"泊坞窗进行效果添加。绘制两个不同颜色的图形，选择 工具，光标变成 ，选择起始图形，拖动至终止图形，在如图 10.59 所示的属性栏中设置调和层数、旋转角度等，得到如图 10.60（左）所示的调和结果。双击调和路径的任意位置将增加白色的控制块，拖动白色块可改变调和形状，如图 10.60（右）所示，再双击白色控制块可删除。

图 10.59　"交互式调和工具"属性栏

图 10.60　直线调和结果（左）与改变路径后结果（右）

提示： 在拖动起始图形时按 Alt 键，可绘制任意线条至终止图形，完成插绘线调和。若同时对两个以上的图形依次创建调和，即生成链状的复合调和。单击属性栏中的"清除调和"按钮，可清除所选图形的调和效果。

调和也可沿着任意的路径创建，路径可以是图形、线条或文本，在如图 10.60（左）所示直线调和的基础上，利用"贝塞尔工具"绘制一条任意的路径，单击属性栏中的"路径属性"按钮，在弹出的下拉菜单中选择"新建路径"，此时光标变成，单击路径，得到如图 10.61 所示的结果，改变路径形状即可修改调和路径。

（2）交互式变形效果。

使用"交互式变形工具"可修改图形对象的外形，产生不规则的变化，从而形成一些比较特殊的变形效果，它主要分为推拉变形、拉链变形、扭曲变形 3 种，变形效果同时适用于图形或文本对象。

图 10.61　沿路径调和的结果

选择"多边形工具"绘制十分边，填充颜色，使用"形状工具"变形得到如图 10.62（左）所示的图形，再选择"交互式变形工具"，选择属性栏中的"推拉变形"按钮，将鼠标从图形的中心向左拖动，得到如图 10.62（中）所示的效果，若鼠标向右拖动，则得到如图 10.62（右）所示的效果。

图 10.62　变形前图形（左）、向左推拉变形效果图（中）与向右推拉变形效果图（右）

提示： 单击属性栏的"清除变形"按钮，可清除变形效果。单击属性栏的"添加新的变形"按钮可将变形后的效果作为原图形继续添加新变形。通过属性栏还可分别选择"拉链变形"、"扭曲变形"，并设置其相应的变形参数。

（3）透视效果。

透视是通过缩短对象的一边或两边来创建透视效果，使原图形具有距离感和深度感，常用于包装设计、效果图制作等，分为单点透视和两点透视。透视效果可添加到单个或群组对象，还可为轮廓图、调和图形、立体图形添加透视效果，但不能将透视效果添加到段落文本、位图、符号和立体化对象中。

执行"效果/添加透视点"菜单命令，按下 Ctrl 键的同时向水平或垂直方向拖动结点即可创建单点透视效果。将任一个结点沿对角线靠近或远离对象的中心拖动，图形出现两个灭点

✘，拖动灭点可修改透视效果，即为创建两点透视效果。

（4）透镜效果。

透镜可为图形对象创建模拟透镜的效果。执行"效果/透镜"菜单命令可打开"透镜"泊坞窗，如图 10.63（左）所示，单击下拉菜单可选择如图 10.63（右）所示的透镜效果，不同的透镜可设置不同的参数。

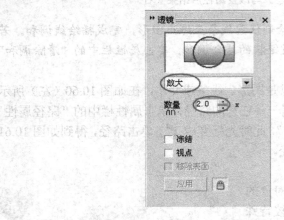

图 10.63　"透镜"对话框（左）与透镜效果图（右）

提示：泊坞窗底部的🔒按钮默认为按住状态，　　应用　　按钮为灰色不可用状态，当泊坞窗中的设置有所更改时，图形将自动应用更改后的透镜效果。

2. 特效滤镜

CorelDraw 12 提供了很多滤镜，可为图像创建各种特殊效果，如浮雕效果、卷页效果、虚光效果、天气效果等。选择"位图"菜单命令，在弹出的下拉菜单中有如图 10.64 所示的滤镜选项，本节主要针对三维效果、创建性效果进行阐述。

（1）三维效果。创建三维效果可使位图产生旋转、柱面、浮雕、球面等三维变形，下面以创建浮雕效果为例加以说明。首先输入如图 10.65（左）所示的文本，选择文本添加浮雕效果时发现菜单为灰色，需先将文本转换为位图，执行"位图/转换为位图"菜单命令，在打开的"转换位图"对话框中按默认设置单击"确定"按钮即可。执行"位图/三维效果/浮雕"菜单命令，设置深度、层次、方向及浮雕色等参数，得到的浮雕效果如图 10.65（右）所示。

图 10.64　特效滤镜下拉菜单

图 10.65　原始文本（左）与位图浮雕效果图（右）

（2）创造性效果。创造性效果可为位图应用各种底纹和形状，下面以创建天气效果为例进行讲解，选择位图图片，如图 10.66（左）所示，执行"位图/创造性/天气"菜单命令，在弹出的"天气"对话框中选择"雪"天气类型，设置浓度及大小，得到的效果如图 10.66（右）所示。

图 10.66　原始位图（左）与天气效果图（右）

10.4.3　实训步骤

1．绘制背景

（1）新建一图形文件，并保存为"贺卡.cdr"。

（2）绘制一个矩形，在属性栏中设置尺寸大小为"235mm×155mm"。选择"渐变填充"工具，设置线性渐变色，如图 10.67 所示，单击"确定"按钮填充渐变。

（3）执行"文件/导入"菜单命令，选择"底纹 1.gif"，移至如图 10.68 所示的位置并进行缩放。

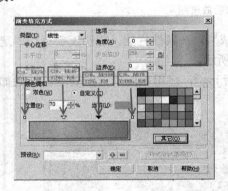

图 10.67　"渐变填充"设置图　　　　　　　　10.68　导入位图

（4）选择背景图案，执行"效果/调整/替换颜色"菜单命令，弹出如图 10.69 所示的对话框，设置"原颜色"为白色，"新建颜色"为红色，单击"确定"按钮实现红色替换图中的白色部分。

（5）执行"位图/位图颜色遮罩"菜单命令，打开"位图颜色遮罩"泊坞窗，选择"颜色选择"按钮 🖉，光标变成 🖉，选择替换后的红色区域，单击"应用"按钮，结果如图 10.70 所示。

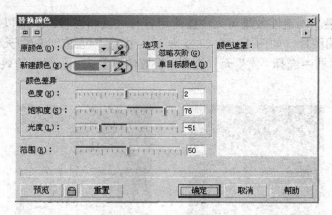

图 10.69　"替换颜色"对话框

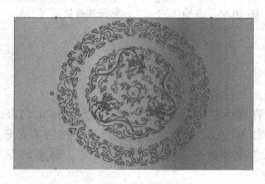

图 10.70　位图颜色遮罩后效果图

（6）选择"交互式透明工具" ，此时光标变成 ，在属性栏的"透明度类型"中选择"标准"，"开始透明度"设置为 75，结果如图 10.71 所示。

（7）依次导入"底纹 2.gif"、"底纹 3.jpg"、"猪.jpg"，使用相同的方法处理，结果如图 10.72 所示。

图 10.71　设置透明效果图

图 10.72　背景效果图

2．位图处理

（1）导入"玫瑰.jpg"，选择"形状工具"，在边界线上双击可增加控制点，拖动控制点得到如图 10.73 所示的图片，执行"位图/裁剪位图"菜单命令完成位图的裁剪。

提示：位图的裁剪还可采用将位图"放置在容器中"（"效果"菜单）。

（2）执行"位图/创造性/天气"菜单命令，设置"雾"天气效果（浓度为 25，大小为 5），再添加"虚光"滤镜效果（默认设置），得到如图 10.74 所示效果。

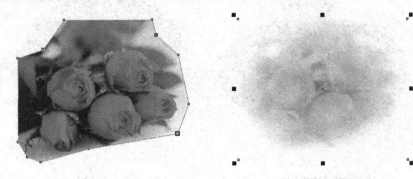

图 10.73　裁剪位图　　　　　　　　图 10.74　添加滤镜效果图

（3）将处理后的位置移入贺卡的右下角，选择"交互式透明工具"，在属性栏中设置进行参数设置，如图 10.75 所示。

图 10.75　交互式透明参数设置

3．制作灯笼

（1）绘制两个椭圆，保证高度一致，分别填充红色与浅桔红色，取消轮廓线，同时选中并按 C、E 键使中心对齐，结果如图 10.76 所示。

（2）选择"交互式调和工具" ，按住中间的椭圆拖到外面的椭圆上，创建调和效果，如图 10.77 所示，设置偏移量为 5。

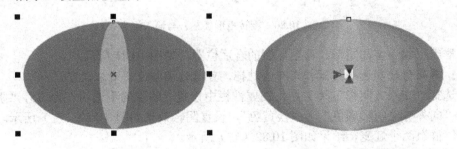

图 10.76　绘制椭圆　　　　　　　　图 10.77　设置调和效果图

（3）执行"排列/拆分调和群组在图层"菜单命令，将调和的对象拆分，选择"挑选工具"，调整各椭圆的宽度，使视觉上更符合透视效果，然后进行群组。

（4）绘制一矩形，填充渐变，渐变起始色为"浅桔红色"，25%处为"桔红色"，50%处为"黄色"，75%处为"深黄色"，终止色为"浅桔红色"。再复制一个，放置于椭圆的下方，如图 10.78 所示。

（5）下面绘制灯笼下方的曲线，选择"贝塞尔工具"，在下方矩形的两边绘制两条黄色的曲线，创建两条曲线间的调和效果，结果如图 10.79 所示。

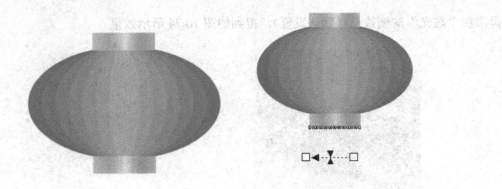

图 10.78 填充矩形   图 10.79 绘制曲线

（6）绘制一个矩形，填充黄色，按 Shift 键等比例缩小的同时按右键复制一个矩形，填充红色，适当旋转并横向变形，得到如图 10.80（左）所示的效果。选择"文本工具"输入"福"字，设置字体并旋转，选择"交互式透明工具"设置为标准透明，结果如图 10.80（右）所示。

图 10.80 旋转矩形（左）与输入福字（右）

（7）群组"福"字与矩形，移至灯笼的合适位置，如图 10.81 所示。

提示：若矩形的颜色与灯笼相比有些过艳，可通过调整透明度来设置。

（8）选择"交互式阴影工具" □ ，在属性栏中设置"阴影的不透明"为 75，"阴影羽化方向"为"向外"，"阴影颜色"为"淡黄色"，设置阴影效果如图 10.82（左）所示。再复制一个灯笼，群组两个灯笼，结果如图 10.82（右）所示。

（9）群组两个灯笼，放于贺卡的左上角，调整大小并旋转一定角度。

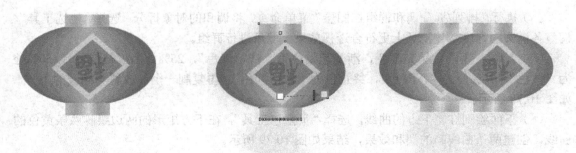

图 10.81 灯笼效果图   图 10.82 添加阴影效果图（左）与灯笼效果图（右）

4．输入美术字

（1）输入"恭贺新禧"四个字，填充黄色字体为"方正流行体简体"，执行"排列/拆分美术字"菜单命令。

（2）选中"恭"字，选择"交互式轮廓图工具" ，将光标移到"恭"上，按左键向右拖动一段距离后松开，在属性栏中设置轮廓图参数，如图10.83所示，创建轮廓图效果。

图10.83　设置轮廓图参数

（3）依次为另外3个字添加不同颜色的轮廓图效果，移至贺卡中，效果如图10.84所示。

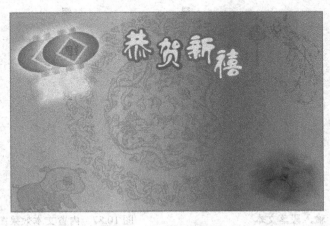

图10.84　创建轮廓字后效果图

（4）选择"手绘工具" ，按左键绘制一条曲线，再利用"形状工具"调整曲线，输入"Happy New Year"，设置合适的字体与颜色。

（5）选中英文字，执行"文本/使文本适合路径"菜单命令，光标变成 ，单击曲线，如图10.85（左）所示，在属性栏中设置"文字方向"、"与路径距离"、"水平偏移"等参数，结果如图10.85（右）所示。

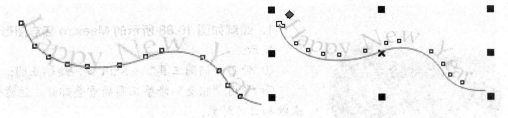

图10.85　使文本适合路径设置

（6）去掉路径的轮廓线，移入贺卡中合适位置。

5．输入段落文本

（1）选择"文本工具"，在工作区按住左键拖出一块区域，输入祝福语，设置字体、颜色及文字方向，如图10.86所示。

提示： 拖动文本框四周的黑色控制块可调整文本框的大小，拖动右下的控制柄 、 可分别设置段落文本的字间距、行间距。执行"文本/插入字符"菜单命令可插入所需字符及图形符号。执行"编辑/插入条形码"菜单命令可插入条形符，常用于包装设计中。

（2）选择"标注形状工具" 💬 ，绘制一云形标注，选择"挑选工具"，光标移至段落文本上，按住右键拖至云形标注上释放，在弹出的快捷菜单中选择"内置文本"，将段落文本放于图形对象中，结果如图 10.87 所示。

提示： 选择"标注形状工具" 💬 ，选中标注后拖动红色的控制点，可改变标注方向。

（3）将内置文本移入贺卡中，调整大小及位置，即得到如图 10.87 所示的最终效果。

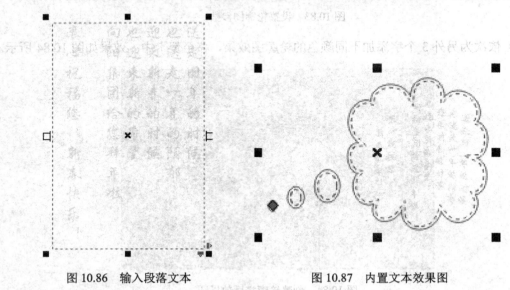

图 10.86　输入段落文本　　　　　　　　　图 10.87　内置文本效果图

6．打印设置

（1）参照 10.3.3 节中的相关内容进行输出设置，在此不再赘述。

（2）执行"文件/打印"菜单命令，打开"打印"对话框，设置相应的参数后，单击"打印"按钮将按设置进行打印。

习题与课外实训

图 10.88　Maestro 标志图形

1．绘制如图 10.88 所示的 Maestro 标志图形

提示：

① 使用"椭圆工具" + Shift 键，绘制正圆；

② 使用"相交"修整正圆的重叠部分，注意保留来源和目标对象；

③ 使用多个规律排列的矩形"修剪"文字及正圆相交部分，注意"Ctrl + D"组合键的使用。

2．绘制如图 10.89 所示的标志图形

提示：

① 选多个图形，按 CE 键将其中心重合；

② 使用垂直矩形"修剪"圆并用中心正方形旋转 45° "修剪"；

③ 分圆，分别填充不同颜色；

④ 利用"形状工具"绘圆弧，"贝塞尔工具"绘直线，操作时注意放大对齐及"结合"、"将轮廓转换为对象"的使用。

图 10.89　标志图形

3. 绘制如图 10.90 所示的一组水杯

图 10.90　水杯效果图

提示：

① 水杯上的标志图案制作详见"课堂实训 2"；

② 使用矩形工具与完美形状工具组绘制杯子，杯口使用圆角化处理；

③ 使用基本形状工具绘制水杯把手。

4. 绘制完成如图 10.91 所示的"茶文化"画册效果

图 10.91　"茶文化"画册效果图

提示：

① 背景图片设置"标准"的交互式透明效果；

② 诗背景采用"位图颜色遮罩"及透明效果；

③ "茶"进行位图的"裁剪"、"位图颜色遮罩"、透明度及"取消饱和"效果设置；

④ 四周的样式使用矩形工具、手绘工具、文本工具进行绘制。

第 11 章　综合设计实例

1. 宣传海报的主题确定、颜色搭配、设计与综合制作；
2. 产品广告的设计与制作；
3. 包装效果的设计与制作；
4. 图像处理技术的综合应用实践。

11.1　综合实训一：宣传海报设计

11.1.1　设计思路

　　我们经常需要设计一些宣传广告的图片，例如手机、冰箱、电视机等，以及当前社会上日益增加的公益宣传广告，现在我们需要设计一个如图 11.1 所示的禁烟宣传海报。

　　禁烟宣传海报通常需要有醒目的标题和颜色，这里我们选择了火的颜色——红色作为主背景，再搭配上香烟及燃烧文字，做出理想效果。

图 11.1　禁烟宣传海报效果图

11.1.2 实训步骤

1．绘制香烟

（1）新建一个 800×600 像素的透明文件，新建"图层 1"，创建矩形选区，填充白色，如图 11.2 所示。

图 11.2　矩形选区

（2）新建"图层 2"，前景色设为灰白色，选择渐变工具，不透明度为 50%，填充线性渐变，效果如图 11.3 所示。

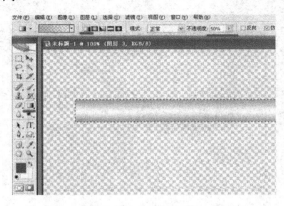

图 11.3　渐变填充

（3）取消选区，新建"图层 3"，创建矩形选区，如图 11.4 所示，填充颜色：R241、G145、B73。

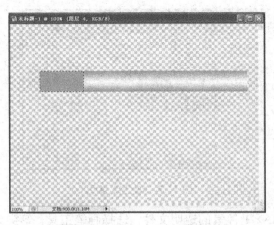

图 11.4　绘制过滤嘴

（4）取消选区，选择套索工具，按住 Shift 键随意创建选区，执行"图像/调整/色阶"菜单命令，设置如图 11.5 所示。

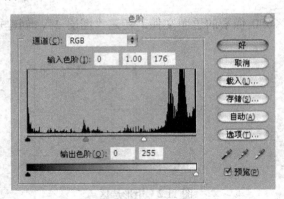

图 11.5　色阶设置

（5）取消选区，新建"图层 4"，创建矩形选区，填充颜色：R241、G145、B73，结果如图 11.6 所示。

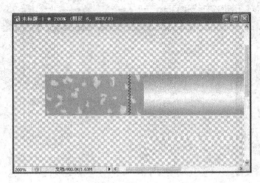

图 11.6　填充选区

（6）取消选区，新建"图层 5"，载入"图层 3"烟嘴部分的选区，选择渐变，效果如图 11.7 所示。

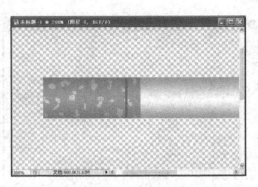

图 11.7　渐变效果图

（7）另外新建一个 15×1 像素的透明文件，选择画笔工具，笔尖为 1 像素，设置前景色：R151、G147、B147，单击图像文件，如图 11.8 所示，再将文件内容定义为图案。

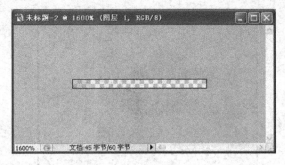

图 11.8　定义图案

（8）回到原先香烟文件中，载入"图层 1"白色烟的选区，新建"图层 6"，用前面定义的图案填充，结果如图 11.9 所示。

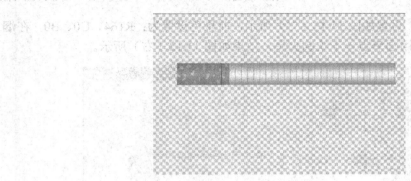

图 11.9　填充图案

（9）合并除背景图层外的所有图层，改名为"图层 1"，新建"图层 2"，选择套索工具绘制烟灰的选区，羽化 1～2 像素，前景色设为黑色，填充从左向右的线性渐变两次，结果如图 11.10 所示。

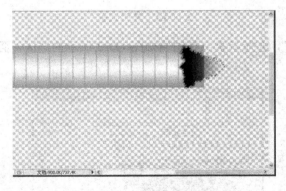

图 11.10　烟头选区

（10）选择滤镜"添加杂色"，利用高斯分布，使用橡皮擦工具擦除多余部分，结果如图 11.11 所示。

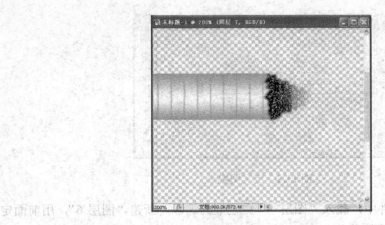

图 11.11　添加杂色

（11）选择画笔工具，设置如图 11.12（左）所示，前景色设置为：R164、G0、B0，在烟灰上面新建"图层 3"，用画笔点一下绘制火星，效果如图 11.12（右）所示。

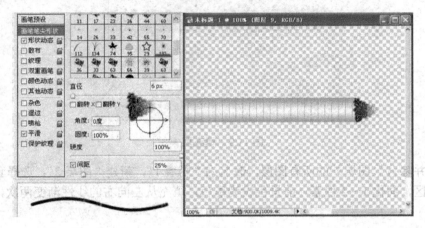

图 11.12　增加火星

（12）新建"图层 4"，选择套索工具创建如图 11.13 所示的选区，羽化 1 像素，调整亮度，结果如图 11.13 所示。

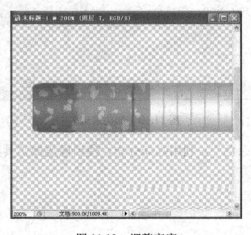

图 11.13　调整亮度

（13）新建"图层 5"，选择套索工具创建烟头处的选区，如图 11.14 所示，填充线性渐变。

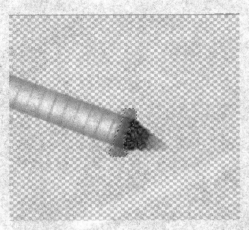

图 11.14　绘制烟头选区

（14）复制"图层 5"，下层图层混合模式设置为"颜色加深"，上层图层混合模式设置为"变暗"。擦除多余部分，给背景填充颜色，结果如图 11.15 所示。

图 11.15　背景上色后效果图

2．添加烟雾与文字

（1）选择钢笔工具绘制路径，并保存。

（2）新建"图层 6"，前景色设为白色，设置画笔的大小，给路径描边，描边的时候选择涂抹工具，得到如图 11.16 所示的效果，并为背景添加深红的透明渐变。

图 11.16　涂抹描边后的烟雾效果图

（3）输入文字，利用前面第 9 章中制作火焰文字的方法，添加字体效果。

（4）合并所有图层，保存最终效果。

11.1.3　实训分析

本实训设计的是禁烟的宣传图片，这要选取正确的背景颜色，设计香烟燃烧的角度。香烟的绘制过程综合了前面选区创建、图层技术、渐变填充、画笔工具、图案定义、滤镜使用等内容。同时，绘制中必须注意细节的处理，例如烟头的制作。最后，人体形烟雾的描绘过程比较简单，它首先利用了路径描边中的涂抹描边，然后利用涂抹工具即可做出最终的效果。设计海报的关键是要主题突出，确定思路，颜色搭配合理，最后完成整体布局。

11.2　综合实训二：产品设计

11.2.1　设计思路

产品广告的设计是需要产生良好的视觉效果，配上经典的台词，给人们以视觉上的冲击，从而激发人们的购买欲。本实训需要设计一个钻戒的产品广告，精美效果如图 11.17 所示。

图 11.17　钻戒广告效果图

11.2.2　实训步骤

1. 制作戒指

（1）新建文件，大小任意选择，利用选区工具绘制一个如图 11.18 所示的圆环。

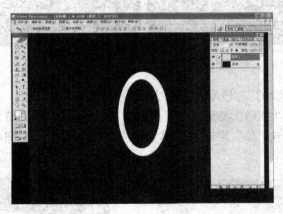

图 11.18　绘制圆环

（2）进入通道，载入圆环选区，新建通道，在选区里填充白色，不要取消选区，设置高斯模糊，回到图层面板。

（3）选择"光照效果"滤镜，设置参数如图 11.19 所示，光源设为白色。

（4）选择曲线工具，设置如图 11.20 所示，调整圆环的外光泽和亮度。

（5）选择移动工具，按 Alt 键＋左方向键，不停地复制，得到整体满意效果，如图 11.21（右）所示，复制前的单个效果如图 11.21（左）所示。

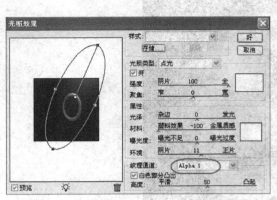

图 11.19　光照效果图

图 11.20　曲线调整

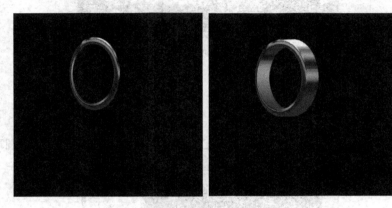

图 11.21　圆环复制前、后效果图

（6）输入文字"VICNC"，设置合适的字体、大小及颜色。

（7）将字体设置为"拱形"变形文字，并进行"自由变换"，调整到戒指上合适位置，并为文字图层添加"斜面与浮雕"样式，如图 11.22（左）所示，此时即可得到如图 11.22（右）所示的效果。

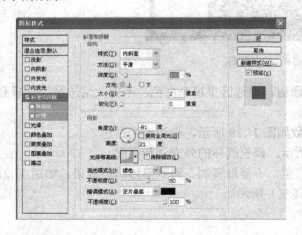

图 11.22　图层样式设置及设置后结果

2．绘制钻石

（1）新建图层绘制圆角矩形，填充淡灰色，进行自由变换，放到合适位置，设置图层混合模式为叠加。

（2）再新建图层绘制圆角矩形，填充淡灰色，设置"斜面与浮雕"图层样式，如图11.23所示，"图案叠加"图层样式可根据自己的喜欢样式选择，为戒指增加钻石。

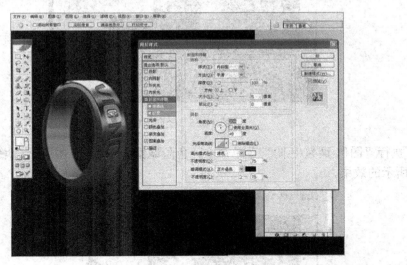

图11.23　钻石样式

（3）合并钻石图层，再复制两颗小钻石放到旁边，如图11.24所示。

图11.24　复制钻石

（4）接下来做钻石发光，把所有的钻石层合并，复制一层，执行"滤镜/模糊/径向模糊"菜单命令，一次径向模糊效果可能不明显，可以按"Ctrl＋F"组合键重复执行几次，如图11.25所示。

图 11.25　径向模糊

（5）执行"图像/调整/色阶"菜单命令，色阶调整如图 11.26 中所示，增加亮度，得到如图 11.26 所示的效果。

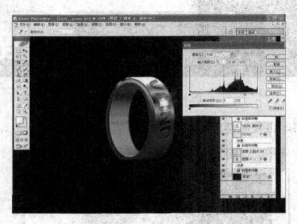

图 11.26　色阶调整

（6）利用和前面做文字同样的方法，在戒指的内圈输入文字，设置图层样式，得到如图 11.27 所示的效果。

图 11.27　添加内圈文字后效果图

3．合成效果

（1）合并除背景图层以外的所有图层，执行"色相/饱和度"菜单命令，设置如图 11.28 所示，为戒指上色。

（2）复制一个戒指，自由变换至适当位置，利用前面第 4 章 4.2 节中"奥运五环"制作套环效果的方法，实现两个戒指的套接样子。

（3）输入文字，设置字体、大小及颜色，并设置"描边"图层样式，结果如图 11.29 所示。

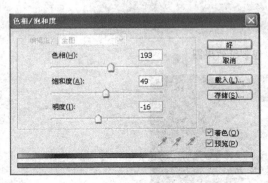

图 11.28　色相调整

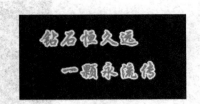

图 11.29　输入文字

（4）最后可视需要再添加效果，完成整个钻戒的设计，合并所有图层，保存结果。

11.2.3　实训分析

本实训主要是视觉效果的设计，利用通道与光照效果滤镜制作圆环的外形效果，特别是曲线的调整增加了圆环的金属感，并通过复制叠排制作整体，最终再增加色彩。套环的效果制作涉及前面案例中的内容，主要注意上下图层交叉选区的创建。

本实训的制作过程并不复杂，但是在细节的处理上需要引起注意，特别是戒指上文字效果的添加和钻石发光效果的处理。希望在学习完本实训内容后，可以自己尝试制作其他类似的效果。

11.3　综合实训三：包装设计

11.3.1　设计思路

产品的外观包装是销售的保证，制作图片精美的外形包装成了商家们推销自身产品过程中的焦点。而对于设计来说，在包装上必须包含足够的信息量，颜色的选取需要细心，另外不要忘记把必需的标记，如商品名称、QS 标志、产品内容、条形码等添加到合适的位置上。本实训通过制作如图 11.30 所示的包装纸及如图 11.31 所示的易拉罐效果，掌握包装设计的过程与思路。

图 11.30　包装纸效果图

图 11.31　易拉罐效果图

11.3.2　实训步骤

1．制作背景

（1）新建文件，大小为 21×12cm，颜色模式选择 CMYK，背景为白色。

（2）选择线性渐变，渐变的 CMYK 颜色分别为（0，60，100，0）、（0，45，100，0）、（0，0，100，0），设置后结果如图 11.32 所示。

图 11.32　渐变效果图

（3）打开素材图片，执行"图像/调整/阀值"菜单命令，调整图像的阈值，配合魔棒工具，选择其中的椰树部分放入图中，设置合适的图层混合模式，得到如图 11.33 所示的效果。

提示：椰树的选择也可采用"通道"进行抠选（具体可参照 7.3.2 节）。

图 11.33　增加椰树

（4）接下来制作包装的标头，选择椭圆工具绘制正圆，进行填充、描边、选区变换等操作，得到如图 11.34 所示的效果。

（5）打开文字素材，放入合适的位置，再利用路径工具或变形文本增加部分描述性的文字，得到如图 11.35 所示的效果。

图 11.34　绘制圆环

图 11.35　设置文字效果图

（6）因为包装的正反面相似，可以复制一些相似的内容，但在复制之前，要先完成素材的添加，并进行图层合并，再加入防伪标签，得到如图 11.36 所示的效果，保存为"包装纸"。

图 11.36　加入素材

提示：条形码可利用 CoreIDraw 12 制作，在此不再详述。

2．易拉罐效果

（1）新建 10×10cm 大小的文件，背景为白色，模式为 CMYK。

（2）背景填充 CMYK 颜色（75，55，80，55）。

（3）利用光照效果，为背景添加一个光照的效果，设置如图 11.37 所示。

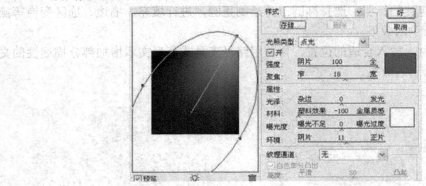

图 11.37　光照效果图

（4）打开素材中的易拉罐素材，将其添加到图像文件中，结果如图 11.38 所示。

图 11.38　增加易拉罐

（5）选择"包装纸"的部分内容，添加到图像中，执行"编辑/变换/旋转90°（顺时针）"菜单命令，再执行"滤镜/扭曲/切变"菜单命令，弹出"切变"对话框，调整切变弧度，如图11.39所示。

（6）将切变后的效果逆时针转回，将切变的包装正面保持与易拉罐轮廓居中状态，将包装纸的"不透明度"调整为50%，透出易拉罐的轮廓，选择"钢笔工具"，根据易拉罐的可印刷面积勾出路径，转化为选区，删除包装纸多余部分，得到如图11.40所示的效果。

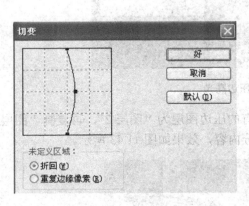

图11.39　切变设置

图11.40　增加外观

（7）为了增加真实度，在上面选择部分内容，进行曲线调整，可以调整其明暗交界线，也可以调整高光线，如图11.41所示。

图11.41　曲线调整

（8）日常生活中可以看到，易拉罐在瓶口的地方有压边的高光，这里利用选区工具，进行羽化就可得到如图11.42所示的效果。

图 11.42　压边高光

（9）接下来为压边制作明暗关系。合并所有的压边图层为"图层 2"，再复制"图层 2"，变换颜色，利用选区工具和羽化工具去除一部分内容，效果如图 11.43 所示。

图 11.43　明暗关系

（10）合并所有除背景外的图层，利用图层复制、垂直翻转等为其制作倒影，得到最终的效果。

11.3.3　实训分析

本实训设计的是易拉罐包装的外观，综合性非常强。在这里，我们首先需要找到切入点，并且能够把握好色彩，这里设计的是橙汁的外形，所以我们选择橙色为主色调，再搭配其他的素材进行设计制作。在制作过程中，我们需要注意到易拉罐外形包装上的明暗分界线，以达到更好的视觉效果。

11.4 综合实训四：奥运宣传画设计

11.4.1 设计思路

2008 年第 29 届奥运会将在我国北京举行，举国上下积极倡导全民运动的理念，本宣传画的设计充分体现了"我运动，我快乐"的主题，融入了本届奥运会的特色元素。通过设计如图 11.44 所示的宣传画，进一步掌握作品制作的主题与素材的选择，以及 PS 功能的熟练应用。

图 11.44 "我运动，我快乐"宣传画

11.4.2 实训步骤

1. 制作背景

（1）新建文件，大小为 1024×768 像素，分辨率为 180，背景为白色。

（2）拖入背景图案，调整大小，并设置其不透明度为 15%左右，结果如图 11.45 所示。

图 11.45 设置不透明度后效果图

（3）拖入祥云图案，载入选区，上下填充线性渐变（红色到透明），删除祥云图层，结果如图 11.46 所示。

图 11.46　填充渐变后效果图

2．素材处理

（1）打开"福娃"素材，如图 11.47 所示，依次选择五个福娃、会徽标志，并拖入图像文件中，并将会徽标志所在图层的不透明度设置为 50%左右。

图 11.47　"福娃"素材

（2）打开"火炬"素材，如图 11.48 所示，选择右边的火炬，并拖入图像文件中。

（3）打开"女孩 1"素材，如图 11.49 所示，选择头部区域，拖入图像文件。

（4）打开"女孩 2"素材，如图 11.50 所示，利用通道精确选择女孩（具体方法可参照 7.2 节的实训），将选择的内容拖入图像文件。

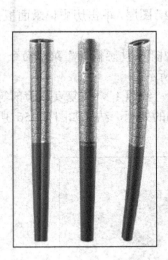
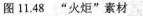

图 11.48　"火炬"素材

图 11.49　"女孩 1"素材

图 11.50　"女孩 2"素材

（5）将"女孩2"水平翻转并适当变换，并利用图章工具修补脚上鞋子的滑轮。

（6）为便于后面的处理，分别将拖入的众多图层进行个性化命名，如头像、火炬等。

3．文字添加

（1）输入"我"，利用吸管工具，设置前景色为福娃"妮妮"的绿色，设置字体为"金梅浪漫体"、颜色为绿色，自由变换调整大小并适当旋转，如图 11.51 所示。

提示：字体需要另行安装，将相应的字体文件复制至"C:\Windows\Fonts"文件夹即可使用。

（2）为"我"添加投影、内发光、斜面与浮雕图层样式，具体参数可自定，结果如图 11.52 所示。

（3）选中福娃"妮妮"所在图层，进行自由变换，并放于合适位置，如图 11.53 所示。

图 11.51　输入文字

图 11.52　为文字添加图层样式后效果图

图 11.53　福娃变换

图 11.54　文字效果图

（4）依次输入"运"、"动"、"快"、"乐"，并设置字体、颜色（与对应的福娃一样），并复制"我"的图层样式，分别进行粘贴。

（5）分别对另外四个福娃进行自由变换，与文字一起放置到合适的位置，如图 11.54 所示。

4．合成效果

（1）选中"女孩 2"图层，单击历史记录面板，拍下"快照 1"。

（2）执行"滤镜/模糊/动感模糊"菜单命令，滤镜设置如图 11.55 所示。

（3）选择历史记录画笔工具，并选择其"源"为前面拍下的"快照 1"，恢复女孩脸部等位置的效果，再将火炬移至女孩的手中，对握住的部位进行适当的处理，结果如图 11.56 所示。

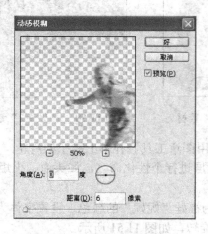

图 11.55　动感模糊滤镜设置

图 11.56　女孩效果处理

（4）为会徽标志添加投影图层样式，再调整各组成部分的相对位置，合并图层，得到最终效果。

11.4.3　实训分析

本实训设计的是突出"我"、"运动"、"快乐"的奥运宣传画。在素材的选择上充分体现了 2008 年北京奥运会的特色，五个福娃分别替代了五个不同字的笔画，颜色与福娃一致使总体画面更和谐。同时，利用火炬的祥云图案作为背景，奔跑的女孩手举火炬充分体现了"运动"的主题。以女孩的头像替代了"我"，更使主题突出，童真的笑脸突出了"快乐"。

本实训应用的方法主要有文字工具、图层样式、模糊滤镜、自由变换等，难度不是很大，但在选取奔跑的女孩时需使用通道，利于细节的选取。

反侵权盗版声明

电子工业出版社依法对本作品享有专有出版权。任何未经权利人书面许可，复制、销售或通过信息网络传播本作品的行为；歪曲、篡改、剽窃本作品的行为，均违反《中华人民共和国著作权法》，其行为人应承担相应的民事责任和行政责任，构成犯罪的，将被依法追究刑事责任。

为了维护市场秩序，保护权利人的合法权益，我社将依法查处和打击侵权盗版的单位和个人。欢迎社会各界人士积极举报侵权盗版行为，本社将奖励举报有功人员，并保证举报人的信息不被泄露。

举报电话：（010）88254396；（010）88258888

传　　真：（010）88254397

E-mail：　dbqq@phei.com.cn

通信地址：北京市万寿路 173 信箱

　　　　　电子工业出版社总编办公室

邮　　编：100036

《图像处理技术实训教程（Photoshop＋CorelDRAW）》读者意见反馈表

尊敬的读者：

感谢您购买本书。为了能为您提供更优秀的教材，请您抽出宝贵的时间，将您的意见以下表的方式（可从 http://www.huaxin.edu.cn 下载本调查表）及时告知我们，以改进我们的服务。对采用您的意见进行修订的教材，我们将在该书的前言中进行说明并赠送您样书。

姓名：＿＿＿＿＿＿＿＿＿＿　　电话：＿＿＿＿＿＿＿＿＿＿＿＿＿

职业：＿＿＿＿＿＿＿＿＿＿　　E-mail：＿＿＿＿＿＿＿＿＿＿＿＿＿

邮编：＿＿＿＿＿＿＿＿＿＿　　通信地址：＿＿＿＿＿＿＿＿＿＿＿＿

1．您对本书的总体看法是：

　□很满意　　　□比较满意　　　□尚可　　　□不太满意　　　□不满意

2．您对本书的结构（章节）：　□满意　□不满意　　改进意见＿＿＿＿＿＿＿＿＿＿
＿＿＿＿＿＿＿＿＿＿＿＿＿＿＿＿＿＿＿＿＿＿＿＿＿＿＿＿＿＿＿＿＿＿＿＿＿＿
＿＿＿＿＿＿＿＿＿＿＿＿＿＿＿＿＿＿＿＿＿＿＿＿＿＿＿＿＿＿＿＿＿＿＿＿＿＿

3．您对本书的例题：　　□满意　　□不满意　　改进意见＿＿＿＿＿＿＿＿＿＿＿
＿＿＿＿＿＿＿＿＿＿＿＿＿＿＿＿＿＿＿＿＿＿＿＿＿＿＿＿＿＿＿＿＿＿＿＿＿＿
＿＿＿＿＿＿＿＿＿＿＿＿＿＿＿＿＿＿＿＿＿＿＿＿＿＿＿＿＿＿＿＿＿＿＿＿＿＿

4．您对本书的习题：　　□满意　　□不满意　　改进意见＿＿＿＿＿＿＿＿＿＿＿
＿＿＿＿＿＿＿＿＿＿＿＿＿＿＿＿＿＿＿＿＿＿＿＿＿＿＿＿＿＿＿＿＿＿＿＿＿＿
＿＿＿＿＿＿＿＿＿＿＿＿＿＿＿＿＿＿＿＿＿＿＿＿＿＿＿＿＿＿＿＿＿＿＿＿＿＿

5．您对本书的实例：　　□满意　　□不满意　　改进意见＿＿＿＿＿＿＿＿＿＿＿
＿＿＿＿＿＿＿＿＿＿＿＿＿＿＿＿＿＿＿＿＿＿＿＿＿＿＿＿＿＿＿＿＿＿＿＿＿＿
＿＿＿＿＿＿＿＿＿＿＿＿＿＿＿＿＿＿＿＿＿＿＿＿＿＿＿＿＿＿＿＿＿＿＿＿＿＿

6．您对本书其他的改进意见：
＿＿＿＿＿＿＿＿＿＿＿＿＿＿＿＿＿＿＿＿＿＿＿＿＿＿＿＿＿＿＿＿＿＿＿＿＿＿
＿＿＿＿＿＿＿＿＿＿＿＿＿＿＿＿＿＿＿＿＿＿＿＿＿＿＿＿＿＿＿＿＿＿＿＿＿＿
＿＿＿＿＿＿＿＿＿＿＿＿＿＿＿＿＿＿＿＿＿＿＿＿＿＿＿＿＿＿＿＿＿＿＿＿＿＿

7．您感兴趣或希望增加的教材选题是：
＿＿＿＿＿＿＿＿＿＿＿＿＿＿＿＿＿＿＿＿＿＿＿＿＿＿＿＿＿＿＿＿＿＿＿＿＿＿
＿＿＿＿＿＿＿＿＿＿＿＿＿＿＿＿＿＿＿＿＿＿＿＿＿＿＿＿＿＿＿＿＿＿＿＿＿＿
＿＿＿＿＿＿＿＿＿＿＿＿＿＿＿＿＿＿＿＿＿＿＿＿＿＿＿＿＿＿＿＿＿＿＿＿＿＿

请寄：100036　北京万寿路 173 信箱高等职业教育分社　　刘菊　收

电话：010-88254563　　　E-mail：baiyu@phei.com.cn